Nouvel atlas de poche des champignons Comestibles et Vénéneux les plus répandus

Série I

Paul Dumée

Alpha Editions

This edition published in 2022

ISBN : 9789357096294

Design and Setting By
Alpha Editions
www.alphaedis.com
Email - info@alphaedis.com

PRÉFACE

Lorsqu'il y a quelques années nous avons fait paraître la première édition de notre **Petit Atlas des Champignons comestibles et vénéneux,** *nous prévoyions qu'il répondait à un réel besoin. Malgré ses imperfections, notre petit volume s'est propagé sans bruit ni réclame, et deux éditions en ont consacré le succès.*

Il fallut en prévoir une troisième; celle-ci pouvait, avec quelques retouches au texte et aux planches, être mise sur pied en quelques mois. Mais cela ne nous suffisait plus, nous voulions faire mieux et donner à notre volume un plus grand développement.

Instruit par l'expérience, nous avons de longue main préparé une transformation complète du «Petit Atlas» de 1895, en doublant presque le nombre des figures et en augmentant son texte. Aussi le Nouvel Atlas *ne ressemble-t-il en rien à l'ancien.*

Estimant qu'on ne saurait jamais apporter assez de soins à un livre destiné à servir de guide à ceux qui recherchent les champignons au point de vue alimentaire, et que beaucoup de personnes se contentent (à tort), le plus souvent, de ne regarder que les images, nous VI *avons voulu que celles-ci fussent d'une sincérité frappante et se rapprochent de la vérité absolue autant qu'on y peut arriver.*

Il nous a fallu pour cela l'appui d'un éditeur complètement dévoué et compétent, et le concours d'un artiste de grand mérite. **M. Bessin** *a bien voulu se charger de ce travail qui lui a demandé plusieurs années de soins assidus. Il semble, au premier abord, très simple de dessiner un champignon; eh bien, cela est une erreur, car les champignons sont des organismes essentiellement fugaces et inconstants; il est quelquefois très difficile de se procurer des échantillons typiques à différents états de développement, puisque, certaines années, les champignons sont rares, et les documents pris doivent attendre une saison plus favorable pour être complétés. Enfin, grâce à la patience de notre dessinateur, nous avons pu mener à bien la partie la plus difficile de notre tâche. Nous avons pu lui procurer, en bon état, toutes les espèces qui figurent dans notre livre.* Toutes ont été peintes d'après nature; *tous les dessins originaux ont été analysés, contrôlés, retouchés, pour les amener à un état voisin de la perfection.*

De plus, nos champignons ont été représentés, autant que possible, dans le milieu où ils se plaisent le plus volontiers, ce qui, nous en sommes persuadé, ne déplaira pas à nos lecteurs.

Il ne faudrait pas croire qu'après ce travail, déjà si laborieux, tout soit fini. C'est à partir de ce moment qu'intervient l'éditeur qui veut faire reproduire ces peintures dans toute leur exactitude. Que de démarches, que d'essais infructueux, avant d'arriver à un résultat satisfaisant! Il faut avoir été mêlé quelque peu à ces préliminaires pour pouvoir apprécier son dévouement.

On se figure généralement qu'un éditeur n'a qu'à recevoir de son auteur le manuscrit à reproduire: c'est une grande erreur, et l'on peut dire que le succès d'un livre, et surtout d'un livre à images, dépend, en grande partie, du soin que prend son éditeur de lui donner sa forme définitive.

Pour nous, nous sommes intimement persuadé que si notre **Nouvel Atlas des Champignons comestibles et vénéneux** *a quelque succès, il le devra surtout à ses magnifiques planches qui n'eussent pas été indignes d'un cadre plus grand, ce qui en eût privé de nombreux amateurs.*

Meaux, avril 1905.

Paul DUMÉE.

PRÉFACE DE LA 2e ÉDITION

En moins de quatre ans plusieurs milliers d'exemplaires de notre **Nouvel Atlas** *ont été enlevés, sans compter plusieurs tirages des planches faits pour divers pays étrangers.*

Cela nous encourage à publier une série ***II*** *qui paraîtra dans environ deux ans, et avec des planches non moins réussies que celles de la première.*

Dans la présente édition il a été fait quelques additions au texte; on y trouvera aussi un intéressant chapitre sur le **Traitement des empoisonnements par les champignons**, *dû à M. le docteur* **F. GUÉGUEN** *que nous recommandons à l'attention de nos lecteurs.*

Paris, juillet 1909.

L'Auteur.

Comment nos planches ont été reproduites

Il y a peu de nos lecteurs qui n'aient entendu parler de procédés de reproduction, de photogravure, du système des trois couleurs, mais ce sont des idées encore bien confuses dans le public.

Jadis, on ne pouvait obtenir des planches en couleur qu'en les coloriant au pinceau, *à la main*, avec plus ou moins d'art et d'exactitude: c'était long et coûteux. C'est de cette époque que datent les ouvrages à deux prix, l'un pour l'édition avec planches noires, l'autre pour l'édition avec planches coloriées.

Le besoin d'obtenir des images en couleur à bon compte, surtout des gravures de mode, amena la création du *coloriage au patron*. Ce procédé consiste à découper autant de plaques en métal très mince qu'il y a de couleurs dans le sujet, et à appliquer celles-ci avec une brosse-pinceau sur les parties laissées à jour sur l'épreuve en noir. C'est expéditif et relativement économique, mais ne permet aucun modelé, à moins de faire de coûteuses retouches au pinceau.

Puis vint la Chromolithographie. Un artiste appelé chromiste décompose par l'œil le sujet destiné à être *imprimé* en couleurs, et redessine chacune d'elles sur une pierre préparée à cet effet; autant de nuances, autant de pierres; il en faut quinze, vingt et au delà, et fatalement l'artiste, suivant sa manière de comprendre les couleurs et le nombre de tirages affectés à une reproduction, s'écarte souvent de l'original en l'interprétant à sa manière.

La Photogravure vint ensuite, qui consiste à reproduire un objet par la photographie, à décalquer cette dernière sur une plaque de métal bien plane, à l'y fixer et à obtenir des reliefs par des bains acide successifs, après en avoir isolé le dessin par une matière résistant à l'action de l'acide.

Ce procédé mécanique, rapide et très économique, ne tarda pas à faire disparaître la gravure sur bois et à permettre de joindre des illustrations à des livres et à des journaux auxquels la lente et coûteuse gravure sur bois n'était pas accessible.

Mais on n'était encore qu'au simple trait, c'est-à-dire au noir sur blanc. Les demi-teintes que la lithographie et la gravure sur bois pouvaient rendre admirablement, n'étaient point encore permises à la Zincogravure, appelée ainsi parce que le zinc est le métal généralement employé pour ce procédé.

La Similigravure apparut à son tour. Au moyen d'une trame très fine placée dans l'appareil photographique entre l'objectif et la plaque sensible, de façon à laisser sur celle-ci les traces de la trame, on parvient à obtenir ces gradations ou demi-teintes indiquées par un quadrillé qui brise le trait, enlève la netteté du dessin, mais permet d'utiliser une photographie sans intervention du dessinateur. La préparation des clichés en similigravure demande beaucoup plus de soins que pour ceux au trait, aussi la similigravure est-elle sensiblement plus coûteuse.

Jusqu'ici la «chromolitho» triomphe encore; survient alors une application d'un procédé déjà connu dans d'autres genres de gravure: le *grain de résine*. Une fine poudre de résine étalée sur le métal, puis chauffée pour la rendre adhérente donne, après traitement par les acides, un relief analogue au trait; cette opération, plusieurs fois répétée avec des grains de résine agglomérés fins ou desserrés, donne facilement des gradations successives depuis l'a plat jusqu'aux nuances les plus fines, et permet de combiner un trait non brisé, comme c'est le cas en similigravure, avec les demi-teintes de celles-ci, mais non la reproduction directe de la photographie.

Le grain de résine ne tarda pas à être appliqué aux couleurs d'une façon analogue à ce qui se pratique en chromolithographie. C'est encore un chromiste qui, *avec ses yeux*, décompose le sujet en autant de couleurs qu'il veut ou doit en employer. Seulement là où, en «litho», il faut une pierre pour chaque ton, plusieurs peuvent être obtenus sur une même plaque de zinc. Il y a donc une réelle économie, surtout au tirage, et la possibilité de produire avec une rapidité infiniment plus grande.

Le grand inconvénient de la chromozincogravure est de faire dépendre le résultat de la façon dont le chromiste comprend, voit les couleurs. On chercha donc à faire de la chromosimiligravure en décomposant les couleurs *photomécaniquement*. Ceci est plus compliqué à expliquer simplement.

Il suffira à nos lecteurs de savoir que par une disposition dans l'appareil photographique renfermant déjà une trame, on arrive à isoler chacune des trois couleurs: jaune, rouge et bleu, qui *théoriquement* représentent toutes les couleurs, les autres étant leurs dérivées, et le blanc et le noir leur négation.

Cette opération du triage photomécanique des couleurs est délicate, non moins que les suivantes qui doivent, par la superposition de ces trois couleurs, rendre l'image complète avec toutes ses nuances. Certaines couleurs ne peuvent pas être obtenues en même temps que d'autres du même groupe, par exemple le bleu de cobalt ensemble avec le bleu de Prusse.

Mais, comme il y a, au point de vue exactitude, un immense avantage à pouvoir se passer du chromiste et que la *Trichromie*, nom donné à ce procédé, donne en trois tirages, ce qui, en chromolitho, en exige souvent douze, quinze et au delà, tous les photograveurs en ont essayé et... subi de grosses pertes, car si tout cela paraît simple en théorie, il en est tout autrement dans la pratique, et les difficultés sont nombreuses.

Lorsqu'il a fallu prévoir la réimpression du **Petit Atlas Dumée**, cette trichromie tant vantée nous séduisit. Il fut donc résolu, il y a de cela cinq ans, de XIII faire des essais et de ne s'engager que si ceux-ci donnaient des résultats satisfaisants. Ils ne le furent pas de suite et nous pûmes constater qu'en trichromie l'a peu près est plus souvent le cas que la reproduction fidèle de toutes les nuances.

Notre préoccupation fut dès lors de chercher les causes de cette différence entre originaux, épreuves et tirage, et si possible d'y remédier. Après diverses tentatives nous avons enfin obtenu ce que nous poursuivions: reproduction et tirage conformes aux originaux. Ces essais avaient duré deux ans!

Notre artiste, M. Bessin, nous a prêté dans ces circonstances difficiles son concours le plus dévoué, s'appliquant avec nous à la recherche des moyens de réussite.

De ce qui précède nous avons tiré la conclusion que la Trichromie, malgré certains avantages, est un procédé compliqué n'ayant qu'une *apparence* de simplicité et que l'on n'obtient de bons résultats qu'en s'entourant de mille précautions. L'économie sur les tirages moins nombreux, mais plus coûteux que d'autres, à cause de préparatifs plus minutieux et plus longs, est absorbée par des pertes de temps considérables.

Notre ferme volonté a été de produire un ouvrage de vulgarisation sur les Champignons avec des planches d'une ressemblance parfaite, devant égaler, dépasser si possible, tout ce qui jusqu'ici a été publié sur ce sujet. C'est vers ce but qu'ont été dirigés tous nos efforts, sans ménager ni la dépense, ni notre peine.

Mais nous avouons que s'il fallait recommencer, nous choisirions peut-être un procédé absorbant moins de temps. Le public appréciera si notre ouvrage répond à ses désirs. C'est pour lui qu'il est fait et son approbation sera la récompense de nos tribulations.

PAUL KLINCKSIECK.

PARTIE I

Explication des Planches

Oronge vraie. — Amanita Cæsarea.

Noms populaires: *Amanite des Césars*, *Jazeran*, *Daurade*, *Roumanet*, *Mujolo*, *Campagnol*, *Ounégal*.

Spores blanches[1].

Ce beau champignon, lorsqu'il est jeune, est complètement renfermé dans une enveloppe blanche ayant la forme d'un œuf: puis cette enveloppe (à laquelle on a donné le nom de *volve*) s'ouvre irrégulièrement, pour donner passage au champignon qui est alors sphérique. Plus tard son chapeau s'élargit tout en restant arrondi, régulier, large de 10 à 15 centimètres, et strié sur les bords. Son épiderme est lisse, brillant et comme satiné, d'un rouge orangé plus ou moins foncé; il se pèle facilement.

Les feuillets sont inégaux, d'un jaune mat, ainsi que le pied qui est muni d'un collier de même couleur, et renflé à la base. La volve reste au pied sous forme d'un large cornet blanc qui l'entoure, tandis que, dans la Fausse-Oronge, il n'en reste que les débris adhérents au pied.

Chair blanche, jaune sous l'épiderme, à saveur agréable.

Ce champignon, l'un des plus délicats que l'on puisse manger, est commun dans le Midi, mais assez rare dans le Centre et les environs de Paris. On le trouve dès la fin de l'été, dans les bois secs et bien exposés.

L'Oronge était très recherchée chez les Romains. Mais c'est surtout Néron qui a rendu ce champignon célèbre; il l'appelait *mets des dieux*. Nous rappellerons enfin que l'empereur Claude a été empoisonné par un plat d'Oronges dans lequel on avait introduit du poison.

— Planche 1. —

Bois secs, bien exposés. — Fin de l'été.

Oronge vraie. — Amanita Cæsarea.

— *Comestible excellent.* —

Fausse Oronge. — Amanita muscaria.

Noms populaires: *Agaric tue-mouches*, *Faux Jazeran.*

Spores blanches.

Ce champignon a quelque ressemblance avec l'Oronge vraie, mais on l'en distingue aisément pour peu qu'on y porte attention. Ce dernier champignon, et comme du reste toutes les amanites, est d'abord entièrement recouvert par la volve, mais cette dernière reste presque tout entière sur le chapeau, et lorsque le tue-mouches a atteint son entier développement, sa surface est parsemée de nombreux flocons blancs, provenant des déchirures de la volve, alors son chapeau est arrondi ou un peu aplati, rouge vermillon, carmin ou orangé: il se décolore parfois jusqu'à devenir jaune pâle ou blanchâtre.

Feuillets toujours blancs inégaux; collier ample blanc de même que le pied qui est renflé à la base et muni de nombreux bourrelets écailleux qui sont les débris de la volve.

Chair blanche, jaune seulement sous l'épiderme. Ce champignon atteint quelquefois de grandes dimensions. On le trouve communément en France dans les bois un peu frais, et souvent au voisinage des bouleaux, en été et automne.

Ce champignon est très vénéneux et l'on doit s'abstenir d'en faire usage, autrement on s'exposerait à des accidents redoutables, mais cependant rarement mortels. Son nom de *muscaria* vient de ce qu'il était employé autrefois pour tuer les mouches.

— Planche 2. —

Bois un peu frais. — Été, automne.

Fausse Oronge. — Amanita muscaria.

— *Très vénéneux.* —

Amanite phalloïde. — Amanita phalloides.

Champignon qui tue.

Spores blanches.

Chapeau arrondi, puis étalé, mais seulement dans un âge avancé, glabre, lisse sur les bords, un peu luisant, visqueux en temps humide et parfois recouvert de plaques blanches qui sont les débris de la volve. Il est généralement vert jaunâtre, parfois vert olive plus ou moins lavé de gris au centre; on le trouve aussi presque blanc; son diamètre est de 6 à 10 centimètres.

Les feuillets sont nombreux, blancs avec un léger reflet jaunâtre, inégaux.

Pied blanc ou un peu jaunâtre, muni d'un collier de même couleur, renflé à la base et garni d'une volve blanche, ample et persistante. Chair blanche ayant une odeur vireuse, saveur âcre à la fin.

Ce champignon est un des plus *dangereux*, ses effets étant toujours mortels. Il est d'autant plus à redouter que ce n'est qu'après un temps relativement long que l'on commence à être incommodé, vingt-quatre heures parfois après l'ingestion du champignon, alors que les principes toxiques sont passés dans le sang et qu'aucune médication n'a le pouvoir d'éliminer le poison. On le trouve très communément dans les bois un peu frais. On distinguera la variété blanche, des *pratelles* (Voir pl. 39 à 41), en ce que ces dernières ont des feuillets roses puis bruns, et que, de plus, elles manquent de volve.

La plupart des accidents mortels causés par des champignons dont parlent les journaux sont dus à l'*Amanite phalloïde* ou à ses variétés, ainsi qu'à l'*Amanite citrine*, dont nous parlerons ci-après.

— Planche 3. —

Bois frais. — Été, automne.

Amanite phalloïde. — Amanita phalloides.

— *Vénéneux, mortel.* —

Amanite citrine. — Amanita citrina.

Champignon qui tue.

Spores blanches.

Chapeau charnu d'abord convexe, puis presque plan, jaune citron ou blanc jaunâtre, plus rarement un peu verdâtre ou fauve, luisant et ordinairement marqué par places de plaques ayant assez l'aspect irrégulier d'une carte géographique; ce qui fait qu'on l'a aussi appelé *Amanita mappa*. Ces plaques d'un blanc sale proviennent de la volve; elles sont quelquefois remplacées comme dans la figure ci-contre par de petits flocons ayant l'aspect de verrues. Diamètre 5 à 8 centimètres.

Feuillets blancs nombreux, un peu dentés sur les bords. Pied blanc, très fragile, droit cylindrique, finement strié au-dessus du collier, un peu aminci au sommet et muni à la base d'un gros renflement ou bulbe orné d'un rebord très apparent. Chair blanche, molle, de saveur désagréable.

Comme le précédent, ce champignon varie beaucoup de couleur. On le trouve communément du printemps à l'automne dans les bois un peu frais. Cette espèce, très vénéneuse, est tout aussi dangereuse que la précédente; il faut éviter de confondre la variété blanche avec les *pratelles* (nos pl. 39 à 41), qui, comme nous l'avons dit, ont les feuillets et les spores d'abord roses, rouges, puis bruns, alors qu'ils restent toujours blancs dans les Amanites phalloïde et citrine.

— Planche 4. —

Bois. — Printemps, automne.

Amanite citrine. — Amanita citrina.

— *Très vénéneux, mortel.* —

Amanite panthère. — Amanita pantherina.

Spores blanches.

Ce champignon, connu sous le nom populaire de *Fausse golmotte*, a son chapeau assez charnu, d'abord arrondi, puis plan, un peu visqueux en temps humide et strié sur les bords: il est brun-gris ou olivâtre, couvert de nombreuses verrues d'un blanc sale, provenant de la volve, et large de 6 à 9 centimètres.

Feuillets blancs assez nombreux arrondis vers la marge et aigus vers le pied, inégaux. Pied cylindrique blanc, devenant creux à la fin; il est muni à la base d'un bulbe garni d'un rebord mince. Collier oblique, blanc, fugace, inséré tantôt au-dessus, tantôt au-dessous du milieu du pied; souvent aussi on trouve à la base du pied un ou deux bourrelets écailleux dont le supérieur peut être regardé comme un deuxième anneau.

Comme degré de toxicité, l'*Amanite panthère* peut être comparée à l'*Amanite tue-mouches*: elle peut rendre très malade, mais elle ne tue pas ou très rarement.

Chair blanche épaisse à odeur un peu vireuse.

On trouve cette amanite en automne dans les bois. Comme elle est *très vénéneuse* il faut éviter de la confondre avec l'**Amanita rubescens** (pl. 6). On l'en distingue facilement, puisque sa chair et ses feuillets ne prennent en aucun cas la teinte rougeâtre de l'*Amanite rougeâtre*; la présence du collier et l'absence de la volve permettent de la distinguer de l'*Amanita vaginata* (pl. 8).

— Planche 5. —

Bois. — Été, automne.

Amanite panthère. — Amanita pantherina.

— *Très vénéneux.* —

Amanite rougeâtre. — Amanita rubescens.

Noms vulgaires: *Oronge vineuse, Golmotte.*

Spores blanches.

Chapeau d'abord arrondi, puis convexe et enfin plan, rougeâtre ou rouge sale, plus ou moins pâle. Il est, à sa surface, parsemé de nombreuses verrues farineuses, grisâtres: son diamètre est ordinairement de 6 à 10 centimètres, quelquefois plus.

Feuillets nombreux, blancs ou légèrement teintés de rougeâtre, mous, inégaux. Pied droit, ferme, aminci de bas en haut, strié au-dessus du collier et terminé inférieurement par une sorte de renflement pointu. Le collier est large, tombant, blanc et strié en dessus, rougeâtre en dessous. Chair blanche molle, prenant à l'air, lorsqu'on la froisse, une coloration rose sale; odeur nulle, saveur fade. Cette espèce varie beaucoup comme intensité de couleur; mais, avec un peu d'attention, on perçoit toujours un peu cette teinte rougeâtre caractéristique.

Ce champignon, que l'on consomme en grande quantité dans certains départements, est commun en été et en automne dans les bois un peu frais.

L'Amanite rougeâtre est susceptible de prendre des aspects assez différents et de donner lieu à quelques variétés dues à des colorations autres que celle du type.

— Planche 6. —

Bois. — Été, automne.

Amanite rougeâtre. — Amanita rubescens.

— *Comestible.* —

Amanite printanière. — Amanita verna.

Nom vulgaire: *Oronge ciguë blanche.*

Champignon qui tue.

Spores blanches.

Cette amanite n'est pas, comme son nom l'indique, un champignon exclusivement printanier; on le rencontre aussi en été, et même en automne, dans les bois calcaires un peu sablonneux.

C'est, de l'avis des auteurs, l'une des amanites les plus dangereuses que l'on puisse trouver, d'autant plus que, n'étant pas très répandue partout, elle est trop peu connue et souvent prise pour une *pratelle* (nos pl. 39 à 41) au voisinage desquelles on la rencontre et dont elle a la couleur blanche. Il importe donc de pouvoir l'en distinguer.

L'Amanite printanière a une volve, à l'encontre des pratelles, qui n'en ont pas; de plus, ses feuillets restent toujours blancs, tandis qu'ils deviennent promptement roses, puis rouge-brun dans les pratelles. Il faut donc, quand on récolte un champignon, vérifier ces caractères, et pour cela, il est de toute nécessité de déterrer complètement le pied de celui-ci, afin de s'assurer de l'absence ou de la présence d'une volve, vu que les espèces reconnues mortelles se trouvent exclusivement parmi les agarics (champignons ayant des lames) pourvus d'une volve. Il en existe d'autres pouvant amener des troubles digestifs, mais les plus à craindre sont les amanites. Voir le chapitre «Empoisonnements».

Revenons à l'*Amanite printanière*, dont le chapeau, d'abord convexe, puis plan, enfin un peu enfoncé au centre, est blanc, légèrement visqueux et lisse sur les bords. Feuillets toujours blancs, ainsi que le pied, qui est plus long que le diamètre du chapeau et muni d'un collier blanc persistant; ce pied est renflé à la base et muni d'une volve bien apparente.

— Planche 7. —

Bois frais. — Printemps, automne.

Amanite printanière. — Amanita verna.

— *Très dangereux! mortel.* —

Amanite vaginée. — Amanita vaginata.

Noms vulgaires: *Coucoumelle, Grisette.*

Spores blanches.

Cette amanite se distingue des précédentes par un caractère très important et très facile à constater: elle n'a pas d'anneau; par contre, sa volve est très développée et d'un blanc très pur. Cette volve enserre la base du pied du champignon comme une gaine qui, le plus souvent, reste profondément implantée en terre. Le chapeau de cette espèce est tantôt blanc, jaune brunâtre, tirant sur l'orangé ou gris souris, parfois un peu bleuâtre.

A l'origine, le chapeau a la forme d'une cloche; plus tard, il devient plan; il est longuement strié sur les bords, et parfois couvert de larges lambeaux, débris de la volve. Diamètre 6 à 8 centimètres.

Feuillets blancs, détachés du pied, inégaux, assez rapprochés. Pied allongé, assez grêle et fragile, creux, un peu aminci en haut, blanc ou blanchâtre et couvert de petites lignes de couleur bistrée.

Ce champignon se trouve de préférence dans les terrains sablonneux.

Cette amanite est comestible; dans le Midi, on en fait un fréquent usage.

Il faut éviter à tout prix, sous peine d'inconvénients graves, de confondre avec cet innocent champignon, l'Amanite panthère, dont nous avons parlé page 5.

— Planche 8. —

Terrains sablonneux. — Été, automne.

Amanite vaginée. — Amanita vaginata.

— *Comestible.* —

Lépiote élevée. — Lepiota procera.

Noms vulgaires: *Couleuvrée*, *Columelle*, *Couamelle*, *Champignon à la bague*, *Grisotte*, etc.

Spores blanches.

Ce champignon, un des plus grands que nous connaissions et aussi l'un des plus recherchés, a, lorsqu'il est jeune, l'aspect d'une baguette de tambour: on dirait une boule à l'extrémité d'un bâton.

Son chapeau est d'abord ovoïde, puis arrondi, et enfin étalé, tout en conservant au centre une proéminence accentuée. Il est sec, brun-gris, et, par suite de son développement, son épiderme se déchire en des sortes d'écailles filamenteuses disposées plus ou moins régulièrement, plus nombreuses vers le centre et plus rares à la périphérie. Diamètre 10 à 25 centimètres et plus.

Feuillets nombreux blancs, plus larges vers le bord du chapeau, et laissant autour du pied un espace annulaire très marqué. Pied cylindrique droit, creux à l'intérieur, bulbeux à la base et couvert, sur sa surface, de nombreuses petites écailles qui lui donnent un aspect tigré et chiné. Il peut atteindre 30 centimètres de hauteur et porte sur son sommet un collier mobile.

Ce champignon, très apprécié comme comestible, pousse en été et en automne dans les endroits sablonneux, les clairières des bois.

Le **Lepiota rhacodes** (*Lépiote raboteuse*) est également comestible; il se distingue de l'espèce dont nous venons de parler principalement par sa chair, qui rougit à l'air lorsqu'on la froisse.

— Planche 9. —

Terrains sablonneux. — Été, automne.

Lépiote élevée. — Lepiota procera.

— *Comestible très apprécié.* —

Lépiote pudique. — Lepiota pudica.

Nom vulgaire: *Toute blanche.*

Spores blanches.

Champignon arrondi et ne devenant plat que très tard, tout en restant mamelonné. Surface lisse, douce au toucher, blanche; plus tard, il se couvre de fines granulations. Diamètre 4 à 6 centimètres.

Feuillets blancs nombreux assez larges, se teintant légèrement de rose avec l'âge. Pied blanc, mince en haut, fortement bulbeux à la base, d'abord plein puis creux ou rempli d'une moelle peu consistante; il porte à son sommet un anneau également blanc et mince. Chair blanche molle à saveur agréable.

On trouve ce champignon en automne, principalement dans les prés, les clairières des bois sablonneux et aussi le long des berges des cours d'eau.

C'est un des champignons les plus savoureux que l'on puisse manger, malheureusement son apparition est assez irrégulière; abondant certaines années, il manque presque complètement dans d'autres.

— Planche 10. —

Terrains sablonneux. — Été, automne.

Lépiote pudique. — Lepiota pudica.

— *Comestible.* —

Armillaire couleur de miel. — Armillaria mellea.

Noms vulgaires: *Tête de Méduse*, *Pivoulade*, *Souquarel.*

Spores blanches.

Ce champignon pousse en grand nombre dans les bois humides sur les souches pourrissantes ou sur les troncs d'arbres malades.

Son chapeau, d'abord arrondi, devient ensuite plan avec les bords un peu recourbés et le centre proéminent. Il est généralement jaune brunâtre plus ou moins foncé, mais il n'est pas rare de lui voir prendre une teinte verdâtre ou grisâtre, quelquefois même olivacée ou couleur de rouille; il est ordinairement couvert de petites écailles noirâtres et parfois visqueux. Son diamètre est de 5 à 10 centimètres.

Les feuillets sont assez nombreux, blanchâtres ou pâles et même un peu rougeâtres, se prolongeant sur le pied et aigus vers la marge du chapeau; ils répandent en grande quantité des spores blanches. Le pied est très long par rapport au chapeau, il peut avoir de 12 à 15 centimètres; il est ferme, élastique, souvent courbé, à peu près égal, un peu roux surtout dans le bas et muni vers le haut d'un large collier ascendant. Chair blanche peu épaisse, odeur nulle, saveur un peu âcre.

Ce champignon fait un grand tort aux arbres forestiers par son mycélium qui forme des cordons noirs, appelés autrefois *Rhizomorphes*, et s'étendant très longuement sous l'écorce. Bien que comestible, cette espèce n'est pas très recherchée en France; elle a une saveur âcre et désagréable qui disparaît du reste par la cuisson.

— Planche 11. —

Troncs pourrissants. — Été, automne.

Armillaire couleur de miel. — Armillaria mellea.

— *Comestible, peu délicat.* —

Tricholome de la Saint-Georges. — Tricholoma Georgii.

Spores blanches.

Ce champignon, qui est plus connu sous le nom de *Mousseron de la Saint-Georges* (il apparaît en avril vers la Saint-Georges), est trapu, arrondi un peu irrégulier.

Le chapeau a les bords légèrement repliés en dessous; il est doux au toucher, plutôt frais que sec, blanc sale ou jaune-roussâtre pâle tirant sur le chamois; diamètre 4 à 6 centimètres et plus. Il ne se pèle pas.

Feuillets toujours blancs, très nombreux et très étroits, ils ont entre eux de nombreuses adhérences, ce qui les fait paraître bifurqués. Pied ferme, robuste, un peu courbé à la base, s'écaillant facilement, blanc ou blanc crème et parfois un peu renflé à la base.

Chair blanche, compacte, épaisse, se continuant avec celle du pied; odeur de farine assez pénétrante, mais agréable.

Sous les noms de **Tricholoma gambosum** et de **Tricholoma albellum**, la plupart des auteurs décrivent deux autres champignons portant le nom vulgaire de *mousseron*, et qui paraissent être de simples variétés de celui dont nous venons de parler: même couleur, même port, même odeur, même époque d'apparition.

On trouve ces champignons au printemps et parfois aussi à l'automne dans les prés, le long des chemins verts, dans les clairières des bois, où ils forment souvent des cercles de sorcières. Voir, pour cette expression, le chapitre II.

— Planche 12. —

Chemins verts, haies. — Printemps.

Tricholome de la Saint-Georges. — Tricholoma Georgii.

— *Comestible excellent.* —

Tricholome nu. — Tricholoma nudum.

Nom vulgaire: *Pied bleu.*

Spores blanches.

Champignon d'un violet plus ou moins roux. Chapeau d'abord arrondi puis convexe et enfin plan, doux au toucher; marge d'abord repliée en dessous, puis plus ou moins relevée, mince. Diamètre 4 à 8 centimètres.

Feuillets nombreux inégaux, minces, aigus vers la marge et de la couleur du chapeau, mais conservant plus longtemps leur belle couleur violette. Pied plein, ferme, droit, régulier, un peu renflé à la base, de la couleur du chapeau, mais plus pâle et légèrement farineux au sommet. Lorsque ce champignon pousse dans les bois de conifères, il arrive souvent que son pied est revêtu à la base d'une sorte de coton bleuâtre qui englobe les aiguilles qui jonchent le sol.

Chair peu épaisse d'un blanc violacé, ayant une faible odeur et une saveur un peu acidulée.

Ce champignon, qui est très délicat, pousse en été, automne et hiver, surtout dans les bois de sapins.

On peut rapprocher de ce champignon les **Tricholoma personatum, sordidum** et **sævum** qui sont également de couleur violette et comestibles.

— Planche 13. —

Bois, surtout de conifères. — Été, automne.

Tricholome nu. — Tricholoma nudum.

— *Comestible.* —

Tricholome ruiné. — Tricholoma pessundatum.

Spores blanches.

Chapeau charnu, compact, très ferme, d'abord arrondi puis convexe et plan, à bords relevés irrégulièrement, brun-rouge ou roux pâle, plus clair à la circonférence, finement tacheté, visqueux en temps humide.

Feuillets nombreux, étroits, d'un blanc sale, souvent tachés de roux.

Pied épais, souvent très court (notre planche le montre sorti de terre), ferme, irrégulier, un peu écailleux, renflé à la base, surtout lorsque le champignon est jeune, blanc ou blanc roussâtre.

Chair blanche, se teintant de roux, odeur de farine, saveur douce.

On trouve ce champignon, en automne, surtout au voisinage des peupliers languissants, dont il paraît suivre le trajet des racines, où parfois il se presse en si grand nombre qu'il en est complètement déformé. Ce champignon, quoiqu'un peu coriace, est très bon à manger et mériterait d'être plus connu. Vient tard en saison.

Lorsqu'on a la chance de tomber sur une localité riche, il est préférable de recueillir seulement les chapeaux, car le pied est filandreux, coriace.

— Planche 14. —

Voisinage des peupliers. — Automne.

Tricholome ruiné. — Tricholoma pessundatum.

— *Comestible.* —

Tricholome équestre. — Tricholoma equestre.

Nom vulgaire: *Chevalier.*

Spores blanches.

Champignon trapu, ferme, à chapeau convexe, puis plan, irrégulier, à bords amincis, flexueux, relevés à la fin. Le chapeau est jaune, un peu verdâtre, couvert sur le milieu de nombreuses écailles couleur de rouille qui lui donnent une teinte rousse. Il est un peu visqueux en temps humide et large de 8 à 12 centimètres.

Feuillets jaune soufre vif, nombreux, presque détachés du pied et aigus vers la marge du chapeau.

Pied épais, plein, moins long que le diamètre du chapeau dont il a la couleur jaune mais un peu plus pâle. Chair blanchâtre, mince sur les bords, odeur nulle, saveur fade.

Se trouve en automne surtout dans les bois de conifères. Afin de faire ressortir les caractères du *Tricholome équestre*, nous l'avons fait représenter complètement débarrassé des multiples débris qui jonchent le sol: il ne faudra donc pas s'étonner de le trouver souvent quelque peu tapi sur terre.

Comestible assez recherché.

— Planche 15. —

Bois, surtout de conifères. — Automne.

Tricholome équestre. — Tricholoma equestre.

— *Comestible.* —

Tricholome terreux. — Tricholoma terreum.

Spores blanches.

Chapeau peu charnu, d'abord conique, puis en cloche et enfin étalé, mais conservant au centre une sorte de mamelon; il est grisâtre plus ou moins foncé, et couvert de petites écailles floconneuses de la même couleur, fragile, irrégulier; diamètre 3 à 6 centimètres.

Feuillets peu nombreux, d'abord blancs puis un peu cendrés, crénelés sur la tranche. Pied blanc ou blanc grisâtre, fragile, fibreux, à peu près égal et plein. Chair grise, molle, d'odeur peu agréable, saveur douce.

Ce champignon, qui pousse en abondance en été, automne, surtout dans les bois de pins, est comestible, mais peu recherché; il est très fragile dans toutes ses parties, et très fréquemment piqué des vers.

Il varie beaucoup comme intensité de couleur, et plusieurs espèces voisines pourraient très bien n'en être que des variétés.

Il y a des années où ce champignon est si abondant, qu'on ne peut faire un pas dans les bois où il pousse, sans en écraser plusieurs.

— Planche 16. —

Bois résineux. — Été, automne.

Tricholome terreux. — Tricholoma terreum.

— *Comestible.* —

Tricholome russule. — Tricholoma russula.

Spores blanches.

Chapeau charnu, ferme, d'abord arrondi, puis plan et même un peu déprimé, bords repliés en dessous; il est blanc rosé ou rouge carmin, inégal dans sa coloration, un peu visqueux en temps humide; diamètre 6 à 10 centimètres.

Feuillets peu nombreux, inégaux, épais, blancs rougeâtres ou se tachant de rouge quand on les froisse. Pied blanc un peu rosé, écailleux en haut, épais, à peine aussi long que le diamètre du chapeau.

Chair ferme blanche ou rosée, à saveur agréable, odeur peu prononcée.

On peut recommander l'usage de ce champignon que l'on trouve en automne dans les taillis de chênes où il forme souvent des traînées de nombreux individus plus ou moins dissimulés sous les feuilles. Il faut éviter de confondre ce champignon avec certaines russules, notamment la *Russule émétique* (pl. 22), mais cette dernière a la chair très âcre. Dans notre espèce, la coloration du champignon est inégale et souvent comme tachetée, tandis qu'elle est uniforme et plus intense dans les russules; de plus, ces dernières ont généralement des feuillets égaux.

On trouve quelquefois le *Tricholome russule* d'une teinte plus claire, et comme maculé de rose sur blanc, mais les spécimens fournis à notre dessinateur étaient fortement colorés, et la reproduction en a encore un peu accentué la teinte.

— Planche 17. —

Taillis de chênes. — Été, automne.

Tricholome russule. — Tricholoma russula.

— *Comestible excellent.* —

Collybie à pied en fuseau. — Collybia fusipes.

Spores blanches.

Ce champignon vient en touffes de 6 à 10 individus, quelquefois plus, au pied des chênes ou au voisinage des souches; de là son nom populaire de *Chênier.* Son chapeau, large de 3 à 6 centimètres, parfois davantage, est de couleur brunâtre, un peu plus clair sur les bords; on le trouve plus rarement jaunâtre bistre. Il est assez irrégulier dans son ensemble et sa surface est un peu bosselée avec le centre mamelonné.

Feuillets peu serrés, d'une teinte variant du blanc au brun-clair, ventrus et recouverts à la maturité de spores blanches.

Le pied est plus long que le diamètre du chapeau et d'une couleur plus intense à la partie inférieure, qui se termine en une sorte de racine en forme de fuseau noir, de plus il est sillonné, tordu dans sa longueur.

Chair blanchâtre, sans odeur, de saveur agréable.

Ce champignon varie beaucoup et comme taille et comme couleur. La variété oedematopus (pied gonflé) est remarquable par son pied démesurément renflé au milieu.

Ce champignon est assez commun en été et en automne, dans les forêts de chênes. Pour le consommer, on doit le choisir peu avancé, sans quoi il est coriace et de digestion peu facile; le pied doit être rejeté comme trop filandreux.

— Planche 18. —

Au pied des chênes. — Été, automne.

Collybie à pied en fuseau. — Collybia fusipes.

— *Comestible, sauf le pied.* —

Clitocybe nébuleux. — Clitocybe nebularis.

Spores blanches.

Chapeau convexe puis plan, ayant souvent le centre proéminent, mince sur les bords qui sont recourbés en dessous; il varie du brunâtre au gris cendré et devient quelquefois très pâle ou même presque blanc; diamètre 8 à 12 centimètres.

Feuillets blancs ou blanchâtres, serrés, aigus aux extrémités, courbés, descendant sur le pied.

Pied robuste, droit comme un fût de colonne, blanchâtre, plein et renflé à la base qui est cotonneuse; sa longueur est très variable: 4 à 8 centimètres.

Chair blanche, fine ayant une légère odeur de farine.

Se trouve, en automne, sous les futaies, parmi les feuilles tombées, où il forme souvent des cercles de grande dimension où l'on compte jusqu'à cent individus.

Ce champignon, quoi qu'on en puisse penser, est parfaitement comestible, je dirai même par expérience qu'il est d'un goût agréable. Il a de plus le mérite d'être facile à récolter et d'être rarement piqué par les vers. Son port caractéristique permet de le reconnaître aisément.

— Planche 19. —

Sous les futaies. — Été, automne.

Clitocybe nébuleux. — Clitocybe nebularis.

— *Comestible.* —

Clitocybe laqué. — Clitocybe laccata.

Spores blanches.

Voilà un champignon qui est un véritable protée, non seulement par ses couleurs changeantes, mais aussi par sa forme excessivement variable. Il n'est bien caractérisé que dans sa jeunesse; son chapeau est alors assez mince, hémisphérique, régulier, un peu déprimé au centre, large de 2 à 5 centimètres. Plus tard il devient irrégulier et les bords sont sinués, découpés ou échancrés. Il est incarnat, violet, lilas, roussâtre ou couleur de rouille, et finement farineux-écailleux à sa surface.

Feuillets peu nombreux, épais, veineux surtout dans la vieillesse et d'un violet plus ou moins foncé, devenant pâles par les spores blanches qui les recouvrent.

Pied allongé, flexueux irrégulier, fibreux, de la couleur du chapeau, mais plus pâle et couvert dans le bas d'un coton blanc ou violacé.

Chair très mince, violacée, d'odeur agréable.

Ce champignon que l'on trouve très communément, en été et en automne, dans tous les bois un peu frais, entre la mousse et l'herbe, est comestible, mais peu recherché en raison de sa petite taille. On peut le reconnaître aisément, malgré son aspect changeant.

— Planche 20. —

Dans tous les bois. — Été, automne.

Clitocybe laqué. — Clitocybe laccata.

— *Comestible.* —

Hygrophore olivacé-blanc. — olivaceo-albus.

Spores blanches.

Chapeau charnu, d'abord un peu conique ou irrégulièrement arrondi, bords repliés en dessous, puis plus ou moins relevés. En temps humide il est recouvert d'un enduit glutineux qui réunit dans la jeunesse le bord du chapeau au pied. Le chapeau devient ensuite convexe, puis plan et enfin un peu concave, mais, même à cet état, on constate presque toujours un petit mamelon entouré d'une dépression bien nette. Il est lisse, brun gris ou brun olive un peu jaunâtre à la circonférence et recouvert d'une glutinosité pâle surtout abondante en temps humide. Diamètre 5 à 10 centimètres.

Feuillets nombreux, minces, descendant à peine sur le pied, blancs puis un peu jaunâtres. Pied plein, un peu épaissi à la base, lisse au sommet, écailleux, visqueux partout ailleurs.

Chair blanche, odeur nulle, saveur douce. Se trouve en été-automne, surtout dans les sapinières. Il est très agréable à manger, surtout sauté au beurre; rarement il est piqué aux vers.

— Planche 21. —

Bois résineux. — Été, automne.

Hygrophore olivacé-blanc. — Hygrophorus olivaceo-albus.

— *Comestible.* —

Russule émétique. — Russula emetica.

Spores blanches.

Champignon de taille moyenne, arrondi puis plan et même un peu concave, lisse, rose, puis rouge vif ou rouge cerise; quelquefois il devient jaunâtre ou blanchâtre, surtout au centre. La marge est sillonnée, tuberculeuse chez l'adulte et l'épiderme s'enlève facilement; diamètre 8 à 10 centimètres.

Feuillets d'un blanc pur, peu serrés, presque égaux, plus larges au sommet qu'à la base.

Pied cylindrique blanc ou légèrement rosé, long de 4 à 5 centimètres, spongieux, fragile, un peu aminci à la base.

Chair blanche, rouge ou rougeâtre sous l'épiderme, et de saveur très âcre.

Ce champignon est *vénéneux*; il pousse en été-automne, dans les bois. On le reconnaîtra à sa marge tuberculeuse et son âcreté. Quant à sa couleur elle est très variable, et l'on trouve parfois des individus complètement blancs.

Les russules ressemblent aux lactaires, mais n'ont point de lait; il faut, pour les distinguer, les goûter à l'état cru, rejeter celles qui sont âcres et ne consommer que celles d'une saveur agréable.

— Planche 22. —

Bois. — Été, automne.

Russule émétique. — Russula emetica.

— *Vénéneux, très poivré.* —

Chanterelle comestible. — Cantharellus cibarius.

Noms vulgaires: *Gyrole*, *Jaunette*, *Girondelle*, *Chevrotte*, etc.

Spores blanches.

Chapeau d'abord convexe, puis plan, et enfin un peu creusé en entonnoir, à bords minces, ondulés, enroulés; couleur jaune d'œuf plus ou moins foncée; souvent très décoloré dans les sujets âgés.

Feuillets épais, bifurques, en réseau, peu nombreux, descendant longuement sur le pied.

Pied plein, épais, s'amincissant de haut en bas et souvent courbé à la base; de la couleur du chapeau ainsi que les feuillets, mais de teinte plus claire.

Chair blanche, un peu fibreuse; odeur agréable, saveur douce un peu poivrée. Est rarement attaquée par les vers.

Très commun dans les bois frais, de l'été à l'automne, où il pousse souvent en troupes nombreuses.

Le **Cantharellus aurantiacus** ou *Chanterelle orangée* est une espèce voisine, mais plus grêle, et de coloration plus vive que celle dont nous venons de parler; les feuillets sont plus colorés que le chapeau, serrés, minces et descendant sur le pied.

Chair jaune, molle; pied cylindrique mince.

Odeur et saveur peu prononcées.

Pousse en automne, surtout sous les sapins et les pins.

Ce champignon est considéré comme suspect et même dangereux, mais à tort, pensons-nous, car nous l'avons consommé bien des fois et trouvé beaucoup plus agréable que la Chanterelle ordinaire.

— Planche 23. —

Bois un peu frais. — Été, automne.

Chanterelle comestible. — Cantharellus cibarius.

— *Comestible.* —

Lactaire délicieux. — Lactarius deliciosus.

Noms vulgaires: *Rouzillon*, *Vache rouge*, *Briqueté.*

Spores blanches.

Chapeau orangé, rouge brique ou jaunâtre, marqué de cercles plus foncés en couleur; d'abord convexe, puis plan et déprimé au centre, à bords minces, un peu repliés en dessous. A l'état adulte, il pâlit et se teinte plus ou moins de vert-de-gris. Diamètre 7 à 12 centimètres.

Feuillets nombreux assez épais, souvent fourchus à la base, orangés et se colorant en vert lorsqu'ils sont froissés. Lait rouge-orangé, verdissant.

Pied ferme, épais, s'amincissant de haut en bas, d'abord plein, puis creux et fragile; il est de la couleur du chapeau, mais plus pâle et marqué de taches ovales déprimées, plus foncées.

Chair compacte, cassante, puis molle, jaunâtre rougissant à l'air. Odeur agréable.

Pousse en été-automne sous les conifères.

Le **Lactarius sanguifluus**, qui est spécial au Midi, pousse également sous les mêmes arbres.

Le chapeau est rouge sans zones, le lait rouge-carminé foncé; également comestible.

Ne pas confondre le **Lactarius deliciosus** avec le **Lactarius torminosus** (pl. 27), auquel il ressemble un peu, mais dont le lait est blanc.

— Planche 24. —

Sous les sapins. — Été, automne.

Lactaire délicieux. — Lactarius deliciosus.

— *Comestible.* —

Lactaire poivré. — Lactarius piperatus.

Noms vulgaires: *Vache blanche*, *Eauburon*, *Chavane.*

Spores blanches.

Chapeau charnu, pesant, ferme, concave de bonne heure, blanc ou blanc jaunâtre, à bords repliés en dessous, lisse ou rugueux, non zoné, large de 10 à 20 centimètres.

Feuillets blancs ou blanchâtres, très nombreux, minces, descendant sur le pied, souvent fourchus à la base et aigus aux deux extrémités; ils laissent écouler, ainsi que la chair, lorsqu'on les brise, un lait blanc, âcre.

Pied cylindrique, gros, court comparativement au chapeau, blanc et plein.

Chair épaisse, ferme, blanche, très poivrée et sans odeur.

Se trouve en été-automne, dans les bois, le long des chemins verts.

Comme l'âcreté de ce champignon disparaît à la cuisson, on en fait usage dans quelques contrées; mais c'est un aliment peu agréable.

On trouve souvent dans les bois un champignon qui ressemble beaucoup au **Lactarius piperatus**, et qui n'en diffère que par ses feuillets qui deviennent sensiblement jaunes en vieillissant. Ou lui a donné le nom de **Lactarius pargamenus**.

— Planche 25. —

Bois, chemins verts. — Été, automne.

Lactaire poivré. — Lactarius piperatus.

— *Comestible, peu délicat.* —

Lactaire orangé. — Lactarius volemus.

Noms vulgaires: *Viau*, *Vache*, *Vachotte*, *Vélo*.

Spores blanches.

Chapeau fauve doré, ou brun orangé, plus foncé au centre, arrondi, puis plan et un peu concave au centre, qui est souvent mamelonné. Marge du chapeau d'abord enroulée puis étalée irrégulièrement; épiderme adhérent; diamètre 8 à 10 centimètres.

Feuillets nombreux, d'un blanc sale ou jaunâtres, laissant écouler, ainsi que la chair, lorsqu'on les brise, un lait bien blanc, très abondant et doux.

Pied de la couleur du chapeau, mais plus pâle, plein, ferme, un peu renflé au milieu, long de 6 à 8 centimètres.

Chair blanche, cassante, d'odeur forte mais agréable.

Pousse en été-automne, dans les bois un peu frais. Ce champignon est comestible et recherché sous le nom de *Vachotte*.

Comme il existe plusieurs lactaires ayant une teinte analogue à celle du **Lactaire orangé**, on fera bien de s'assurer, lors de la récolte, que la chair est de saveur douce et nullement âcre, car autrement on pourrait s'exposer à une méprise.

— Planche 26. —

Bois frais. — Été, automne.

Lactaire orangé. — Lactarius volemus.

— *Comestible.* —

Lactaire aux tranchées. — Lactarius torminosus.

Noms vulgaires: *Mouton zoné*, *Raffouet*, *Morton*.

Spores blanches.

En raison de son nom, il est aisé de voir que ce champignon n'est point comestible; il importe donc de pouvoir le distinguer du **Lactarius deliciosus**, dont nous avons parlé (p. 24), et auquel il ressemble quelque peu, au moins de prime abord.

Son chapeau, qui est d'abord arrondi, se creuse par la suite; il est roux carné, ou couleur de rouille pâle (quelquefois blanchâtre lorsqu'il a été lavé par la pluie), un peu zone et couvert sur les bords, qui sont recourbés, d'un chevelu abondant, surtout dans les individus jeunes. Diamètre 4 à 8 centimètres.

Feuillets nombreux, minces, étroits, blanchâtres ou faiblement orangés. Pied plein, puis creux, de la même couleur que les feuillets, mais plus pâle, long de 6 à 8 centimètres.

Chair blanchâtre laissant écouler en abondance un lait blanc, âcre.

Pousse en été et en automne dans les bois et les friches. Malgré son âcreté, ce champignon serait consommé en Suède.

— Planche 27. —

Bois, friches. — Été, automne.

Lactaire aux tranchées. — Lactarius torminosus.

— *Vénéneux.* —

Lactaire taché. — Lactarius controversus.

Noms vulgaires: *Lathyron*, *Roussette.*

Spores blanches.

Ce lactaire a quelque ressemblance avec le Lactaire poivré (pl. 25), mais il s'en distingue suffisamment par sa viscosité et ses feuillets un peu rosés.

Il se creuse dès le jeune âge, et les bords du chapeau sont fortement repliés en dessous et velus, floconneux. Plus tard les bords se relèvent irrégulièrement et deviennent nus, ainsi que la surface du chapeau. Il est d'un blanc sale, plus ou moins marqué de zones rouges et presque toujours maculé par la terre qu'il soulève en temps humide, et mesure de 12 à 15 centimètres de diamètre.

Feuillets nombreux, minces, étroits, aigus aux deux extrémités, d'un blanc sale ou rosés.

Pied plein, ferme, très court, un peu aminci à la base.

Chair blanche, ferme, lait abondant blanc, âcre, odeur nulle.

Se trouve dans les bois, le long des chemins au voisinage des peupliers.

Quoique peu agréable et de digestion difficile, on consomme ce champignon dans pas mal d'endroits.

— Planche 28. —

Clairières, chemins verts. — Été, automne.

Lactaire taché. — Lactarius controversus.

— *Comestible mais indigeste.* —

Pleurote en coquille. — Pleurotus ostreatus.

Noms vulgaires: *Nouret, Poule de bois.*

Spores blanches.

Chapeau charnu, très variable de coloration, puisqu'on le trouve brun jaune, brun cendré ou roux plus ou moins pâle, doux au toucher, humide, généralement horizontal, parfois dressé vers le haut, convexe, étalé, et ayant quelque peu la forme d'une coquille; les bords sont minces, un peu enroulés, quelquefois ondulés, lacérés. Diamètre 6 à 15 centimètres.

Feuillets assez nombreux, larges, descendant longuement sur le pied où ils sont fréquemment ramifiés en réseau, blancs ou blanchâtres.

Pied court, épais, latéral, souvent couvert de poils hérissés à la base.

Chair blanche, ferme, d'odeur faible et de saveur agréable.

Pousse en automne et en hiver sur le tronc des arbres récemment morts ou languissants, où il forme souvent de fortes touffes superposées.

Ce champignon est comestible, mais un peu coriace; on doit le consommer lorsqu'il est jeune.

Une espèce voisine, qui n'est peut-être qu'une variété, le Pleurote glanduleux (*Pleurotus glandulosus* Fr.), se distingue de ce dernier, en ce que les lamelles présentent, çà et là sur leur surface, de petites houppes glanduleuses.

— Planche 29. —

Arbres languissants. — Automne, hiver.

Pleurote en coquille. — Pleurotus ostreatus.

— *Comestible jeune.* —

Pleurote de l'Eryngium. — Pleurotus Eryngii.

Noms vulgaires: *Oreille de chardon*, *Bérigoule*, *Gingoule*, *Ringoule*, *Ragoule*; dans l'Ouest, on lui donne le nom d'*Argouane*.

Spores blanches.

Chapeau charnu, d'abord arrondi, puis convexe plan, et enfin déprimé, irrégulier, à bords minces enroulés, fauve bistré ou roux pâle. Diamètre 5 à 6 centimètres.

Feuillets blancs ou blanchâtres, peu nombreux, aigus aux deux extrémités, descendant longuement sur le pied.

Pied généralement excentrique s'amincissant de haut en bas, blanc.

Chair blanche, d'odeur agréable.

Pousse en automne sur les racines mortes de l'*Eryngium campestre*. Cette Ombellifère piquante, connue sous le nom de Chardon Roland, est répandue dans les terrains sablonneux ou le long des chemins verts. Au bord de la mer, on le trouve sur l'*Eryngium maritimum*. Cet excellent champignon est très délicat et très recherché, malheureusement il est rare dans certaines localités; il semble plus abondant au bord de la mer et, sur les marchés de La Rochelle et de Nantes, il y est vendu en grande quantité. En raison de son lieu d'élection et de l'impossibilité absolue de le confondre avec aucune autre espèce, il semble qu'il y aurait lieu de tenter des essais de culture en vue de propager un des meilleurs champignons que nous connaissions.

— Planche 30. —

Racines du chardon Roland. — Été, automne.

Pleurote de l'Eryngium. — Pleurotus Eryngii.

— *Comestible excellent.* —

Russule vert-de-gris. — Russula virescens.

Noms vulgaires: *Palomet, Bise vraie, Palombette, Verdette*, etc.

Spores blanches.

Voilà certes un champignon qui ne paie pas de mine, et qui est cependant un comestible agréable.

Son chapeau, d'abord arrondi, devient plan et même un peu concave au centre. Il est à sa surface blanc, tacheté ou moucheté de vert-de-gris souvent crevassé ou écailleux, lisse à la marge, et large de 6 à 10 centimètres.

Feuillets blancs, épais, inégaux, assez serrés, parfois ramifiés.

Pied blanc plein, épais, ferme, long de 4 à 6 centimètres; à la fin il devient spongieux.

Chair blanche, cassante; odeur et saveur agréables.

Pousse en été-automne dans les bois. Comestible; assez recherché dans certaines régions, surtout à l'état jeune.

Il existe quelques russules vertes ou le devenant, qu'il sera bon de ne pas confondre avec notre *Verdette*; elles sont le plus souvent un peu visqueuses et non crevassées ou écailleuses.

— Planche 31. —

Bois. — Été, automne.

Russule vert-de-gris. — Russula virescens.

— *Comestible.* —

Russule cyanoxanthe. — Russula cyanoxantha.

Nom vulgaire: *Charbonnier.*

Spores blanches.

Il est peu de champignons qui aient des couleurs aussi variables que celui-ci. On le trouve mélangé de lilas, de pourpre et de vert olive; sa teinte la plus habituelle se rapproche de celle dite gorge-de-pigeon qui offre des nuances si variées; parfois il se décolore, en devenant pâle ou jaunâtre au centre qui est ordinairement ridé.

Dans son jeune âge ce champignon est arrondi, puis plan et un peu enfoncé, à bords minces, un peu ondulés, et légèrement striés.

Les feuillets sont blancs, inégaux, assez serrés, souvent bifurqués près du pied.

Pied blanc lisse, généralement droit, un peu aminci à la base, ferme, d'abord plein, puis un peu creux.

Chair blanche, lilacée sous l'épiderme du chapeau, saveur douce.

Ce champignon, bien que très variable comme couleur, se reconnaît assez bien à son aspect élancé et à ses couleurs un peu sombres. Il est d'ailleurs assez commun dans les bois un peu ombragés, depuis le commencement de l'été jusqu'à l'automne.

Le *Charbonnier* est un excellent comestible et dans bien des endroits on le consomme avec plaisir.

— Planche 32. —

Bois ombragés. — Été, automne.

Russule cyanoxanthe. — Russula cyanoxantha.

— *Comestible.* —

Russule fétide. — Russula foetens.

Spores blanches.

Chapeau d'abord globuleux puis plan convexe, avec le centre un peu enfoncé, jaunâtre ou couleur de rouille, sale, visqueux en temps humide, sillonné, tuberculeux sur les bords, diamètre 10 à 12 centimètres.

Feuillets blanchâtres, peu nombreux, épais, inégaux, souvent bifurqués ou ramifiés. Pied blanc, gros, aminci à la base, d'abord plein, puis creux et alors fragile. Chair blanche, cassante, d'odeur désagréable et nauséeuse, saveur âcre.

Ce champignon est assez fréquent en été-automne, dans les bois, les prés. On le regarde comme malfaisant; déjà son aspect peu engageant et son odeur font qu'on ne le récolte pas.

Une espèce voisine est la *Russule chicotin* ou **Russula fellea**; il a quelque ressemblance avec celui dont nous venons de parler, mais il est beaucoup plus petit; il est également suspect. Sa saveur âcre et brûlante le feront rejeter sans hésitation.

— Planche 33. —

Bois, prés. — Été, automne.

Russule fétide. — Russula foetens.

— *Indigeste.* —

Marasme Faux-Mousseron. — Marasmius oreades.

Noms vulgaires: *Mousseron godaille*, *Mousseron de Dieppe*, *Mousseron d'automne*, *Mousseron pied dur.*

Spores blanches.

Champignon très peu charnu, tenace, flexible, d'abord arrondi, mamelonné, puis plan, mais présentant pourtant une légère proéminence au entre. Il est fauve roussâtre plus ou moins pâle, glabre et légèrement strié sur le bord; diamètre 3 à 5 centimètres.

Feuillets très peu nombreux, larges, inégaux, blanchâtres ou jaune fauve pâle. Pied plein, régulier, cylindrique, tenace, de la couleur du chapeau et légèrement velu. Chair blanche très mince, à odeur agréable se développant par la dessiccation.

On trouve ce champignon toute l'année dans les bois herbus, les prairies, les pâturages, le long des chemins verts, souvent en cercle. En raison de sa petite taille, ce champignon est surtout employé comme condiment; il offre le précieux avantage de pouvoir se sécher et de se conserver facilement. C'est un excellent comestible. Le nom de *Faux-Mousseron* ne doit pas effrayer!

— Planche 34. —

Bois herbus, pâturages. — Toute l'année.

Marasme faux-Mousseron. — Marasmius oreades.

— *Comestible.* —

Entolome livide. — Entoloma lividum.

Nom vulgaire: *Le Perfide.*

Spores roses.

Chapeau convexe, puis plan, lisse, soyeux, humide au toucher, fauve, cendré, pâle ou blanchâtre. On remarque au centre un pointillé formé de petites écailles noires; les bords sont primitivement recourbés puis inégalement relevés et ondulés; diamètre 6 à 12 centimètres.

Feuillets nombreux, larges, crénelés sur la tranche, blancs jaunâtres puis roussâtres. Pied robuste, plein, renflé et courbé à la base, blanc, sillonné, plus long que le diamètre du chapeau. Chair blanche, fragile, à odeur de farine, saveur nauséeuse à la fin. Se trouve en été-automne dans les bois frais. Ce champignon, qui est *vénéneux*, ressemble un peu au **Clitocybe nebularis** (pl. 19), mais il s'en distingue aisément, car il a les feuillets jaunes puis rougeâtres et non blancs. L'**Entoloma sinuatum** est une espèce voisine, considérée comme comestible sous les noms de *Jaunet, Videau.* Il n'a pas comme l'**Entoloma lividum** l'odeur de farine.

Citons encore l'**Entoloma clypeatum** ou *Entolome en bouclier*, considéré comme dangereux; quoi qu'on en puisse penser, il est cependant comestible et est vendu sur le marché de La Rochelle sous le nom de *Mousseron gris.* Nous l'avons consommé et trouvé excellent. Il se distingue de l'**Entoloma lividum** par sa taille plus petite, son chapeau gris brunâtre, glabre, peu épais, avec le centre très proéminent; d'abord assez régulier, ses bords se relèvent par la suite et souvent ils se fendillent. Chair blanche, mince, sans odeur. Feuillets gris rougeâtres, émettant des spores rose sale, peu serrés, assez larges. Pied blanchâtre un peu renflé inférieurement, assez mince, contourné plein.

Se trouve dans les bois, les champs, les prés, du printemps à l'automne.

— Planche 35. —

Bois frais. — Été, automne.

Entolome livide. — Entoloma lividum.

— *Vénéneux.* —

Clitopile orcellé. — Clitopilus orcella.

Nom vulgaire: *Le Meunier.*

Spores roses.

Chapeau d'abord convexe puis plan et enfin creusé en entonnoir, à bords minces irrégulièrement incisés et recourbés. Il est peu charnu, blanc, gris clair, mou, visqueux en temps humide, large de 4 à 10 centimètres.

Feuillets nombreux blancs, puis légèrement rougeâtres, descendant longuement sur le pied, minces, étroits, serrés. Pied blanc, court, souvent excentrique, couvert à sa base d'un cotonneux blanc. Chair blanche, molle à odeur de farine. Se trouve en été-automne dans les bois frais. Ce champignon est comestible et très délicat.

Une espèce voisine, le **Clitopilus prunulus**, vulgairement *Mousseron,* se distingue de l'*orcella* en ce que son chapeau est plus épais, non visqueux. Les feuillets sont peu serrés, le pied est épais, et la chair cassante.

Pousse également en été-automne dans les bois un peu ombragés et est regardé comme l'un des meilleurs champignons que l'on puisse trouver.

Ces champignons sont tellement fragiles qu'il faut prendre les plus grandes précautions si l'on veut les rapporter entiers.

— Planche 36. —

Bois frais. — Été, automne.

Clitopile orcellé. — Clitopilus orcella.

— *Comestible (sent la farine).* —

Cortinaire violet. — Cortinarius violaceus.

Spores couleur de rouille.

Champignon entièrement violet foncé ou pourpre violet, d'abord arrondi puis plan mamelonné, velu ou un peu écailleux à sa surface; diamètre 6 à 10 centimètres.

Feuillets épais, un peu de la couleur du chapeau, et se couvrant à la fin d'une poussière couleur de rouille, formée par les spores.

Pied plein, ferme, fibreux, renflé à la base, violet foncé et généralement plus long que le diamètre du chapeau, auquel il est réuni par un voile très léger, appelé *cortine*; cette cortine est filamenteuse-soyeuse, violacée, très visible dans le champignon jeune; elle s'étire quand le chapeau s'ouvre et reste alors fixée, soit au bord de celui-ci, soit au pied ou aux deux. Chair molle, violacée, ayant une odeur assez forte rappelant celle de l'iode.

Ce champignon pousse en automne dans les bois un peu secs parmi les feuilles mortes qu'il réunit par des filaments violets. Comestible, mais peu délicat.

Le genre *Cortinaire*, très nombreux en espèces, toutes caractérisées par leur voile, n'en offre que peu de comestibles, au moins jusqu'à présent, mais il est probable que leur nombre augmentera à mesure qu'ils seront mieux connus. On ne peut bien les différencier qu'à l'état jeune, ce qui en complique l'étude.

— Planche 37. —

Bois secs. — Été, automne.

Cortinaire violet. — Cortinarius violaceus.

— *Comestible, peu délicat.* —

Paxille enroulé. — Paxillus involutus.

Spores couleur de rouille.

Chapeau charnu, jaune terreux un brun plus ou moins foncé, d'abord convexe puis concave au centre; bords enroulés, cotonneux dans le jeune âge, puis relevés irrégulièrement et striés, cannelés; diamètre 6 à 10 centimètres.

Feuillets nombreux, aigus aux deux extrémités, inégaux, descendant longuement sur le pied, de la couleur du chapeau ou plus pâles et se tachant de brun lorsqu'on les froisse; ils se séparent facilement du chapeau. Pied plein, ferme, large vers le haut, s'amincissant vers la base, jaune sale ou brunâtre.

Chair molle, jaune ou ferrugineuse, devenant brune lorsqu'elle est froissée: odeur peu accentuée, saveur douce, légèrement acidulée.

Commun dans les bois, au bord des fossés, en été-automne; comestible excellent. La chair des exemplaires trop avancés est molle et de digestion difficile.

En raison de sa fréquence, ce champignon mériterait d'être plus connu. Son aspect, il est vrai, est peu engageant, mais il est facile à reconnaître, suffisamment agréable à manger et n'offre aucun danger.

Les Paxilles sont peu nombreux en espèces, on en compte seulement quatre en France, dont le *Paxille enroulé* seul est comestible.

— Planche 38. —

Bois, chemins verts. — Été, automne.

Paxille enroulé. — Paxillus involutus.

— *Comestible excellent.*

Pratelle champêtre. — Pratella campestris.

Noms vulgaires: *Champignon de couche, des prés, du fumier, Potiron*, etc.

Spores noires.

Ce champignon, connu de tout le monde et cultivé en grand dans les caves et les carrières abandonnées, est l'objet d'un commerce important.

Son chapeau, lorsqu'il est jeune, est charnu globuleux, puis pendant longtemps il reste convexe et ce n'est que dans la vieillesse qu'il devient plan. Il est blanc, blanc-roussâtre ou même brunâtre, lisse ou floconneux écailleux, large de 5 à 10 centimètres et se pèle facilement.

Feuillets nombreux amincis aux extrémités, d'abord légèrement carnés puis devenant peu à peu roses, puis brun purpurin foncé et un peu humides.

Pied cylindrique, blanchâtre, ferme, plein, ayant à peu près la longueur du diamètre du chapeau, et muni vers son milieu d'un anneau souvent déchiré. Chair blanche, prenant une légère teinte rose quand on la brise; odeur et saveur agréables. Ce champignon varie beaucoup de couleur et d'aspect: on le trouve blanc, jaunâtre ou brunâtre, plus ou moins foncé; certains ont la peau lisse, d'autres écailleuse. Il est commun dans les jardins, vignes, champs, friches, etc., en été et en automne; souvent il pousse par groupe de plusieurs individus.

On trouve sous les sapins une espèce voisine de la nôtre, le **Pratella haemorrhoidaria** dont la chair, normalement blanche, se colore immédiatement d'un rouge sang lorsqu'on la brise.

Citons encore comme particulier aux dunes de l'Océan, et vendu sur le marché de La Rochelle, le **Pratella Bernardii** avec chapeau blanc-grisâtre, très épais, compact, cotonneux et crevassé, large de 10 à 20 centimètres. Feuillets gris incarnat puis bruns. Pied blanc, gros, court et pointu, muni d'un anneau blanc strié en dessus. Chair blanche devenant brunâtre à la cassure. Odeur forte, désagréable. En été-automne dans les sables qui avoisinent l'Océan. Comestible, mais peu délicat.

— Planche 39. —

Champs, jardins, prés et cultivé. — Été, automne.

Champignon de couche. — Pratella campestris.

— *Comestible.* —

Pratelle des Jachères. — Pratella arvensis.

Noms vulgaires: *Boule de neige, Paturon blanc, le Rosé, Champignon des bruyères*, etc.

Spores noires.

Ce champignon, à l'encontre du Champignon de couche, est dans son jeune âge un peu conique et ce n'est que plus tard qu'il devient en cloche, convexe puis aplati. Il est d'abord blanc, puis blanc sale ou blanc jaunâtre, floconneux farineux, puis lisse ou légèrement fendillé; diamètre 8 à 12 centimètres et plus.

Feuillets nombreux, blanchâtres, puis rosés et enfin bruns noirâtres. Pied épais, robuste, creux ou rempli d'une sorte de moelle, blanc ou blanc sale, épaissi à la base et long de 8 à 10 centimètres. Collier double, très large, inséré vers le haut du pied.

Chair épaisse ne changeant pas de couleur quand on la brise. Odeur et saveur moins agréables que dans le Champignon de couche. Se trouve en été-automne, principalement dans les pâturages, les clairières des bois où on le récolte sous le nom de *Boule de neige.* Ce champignon, comestible comme le Champignon de couche, acquiert parfois de grandes dimensions et un poids considérable.

— Planche 40. —

Prés, bois. — Été, automne.

Pratelle des Jachères. — Pratella arvensis.

— *Comestible.* —

Pratelle jaunissante. — Pratella xanthoderma.

Spores noires.

Sous ce nom, nous décrivons une espèce voisine de **Pratella arvensis**, que l'on rencontre fréquemment en automne dans les mêmes endroits que ce dernier et qui n'en est peut-être qu'une variété.

Chapeau d'abord arrondi, puis convexe étalé, lisse, très blanc, se teintant de jaune par le frottement; diamètre 8 à 10 centimètres.

Feuillets d'un rose pâle, brunissant plus tard, aigus au sommet, arrondis à la base.

Pied blanc, lisse, long, flexueux, bulbeux à la base, jaunissant aussi lorsqu'on le froisse, d'abord plein, puis creux.

Chair blanche, assez épaisse, non changeante; odeur assez prononcée, peu agréable. D'après Génevier, qui le premier a décrit l'espèce, il serait prudent d'être très réservé dans l'emploi de ce champignon, qui serait peu agréable au goût et d'une digestion difficile. L'ayant souvent récolté et mangé sans aucun inconvénient, nous pensons, contrairement à cet avis, qu'il n'y a aucun danger à le consommer.

Les pratelles, sauf cependant le champignon cultivé, demandent à être mangées avec modération, comme du reste tous les champignons. Bien des indispositions, même assez graves, n'ont pas d'autre cause que la trop grande quantité de champignons ingérée à un seul repas.

— Planche 41. —

Prés, pâturages. — Été, automne.

Pratelle jaunissante. — Pratella xanthoderma.

— *Comestible, un peu indigeste.* —

Hypholome fasciculé. — Hypholoma fasciculare.

Spores noires.

Ainsi que son nom l'indique, ce champignon se rencontre toujours en groupe, sur les souches pourrissantes. Son chapeau, qui mesure de 3 à 6 centimètres, est peu charnu, mince, arrondi, un peu mamelonné, glabre, jaune-roux ou même jaune soufre, plus pâle à la circonférence.

Feuillets très nombreux, étroits, inégaux, jaunes, puis jaunes verdâtres et enfin brunâtres, un peu déliquescents, c'est-à-dire fondant en eau.

Pied jaune, mince, fibreux flexueux, plus long que le diamètre du chapeau et couvert de filaments plus foncés.

Chair très mince, jaunâtre, amère.

On trouve ce champignon à peu près toute l'année sur les vieux troncs où il forme des touffes souvent très volumineuses de 10 à 30 individus et au delà. On le regarde comme *vénéneux*; il est vrai que son aspect n'invite guère à en faire usage.

On trouve dans les mêmes endroits d'autres champignons du même genre et ne paraissant en différer que par des couleurs plus vives; on en a fait des espèces, mais il nous semble que l'on pourrait sans inconvénient les rattacher à l'hypholome fasciculé.

— Planche 42. —

Vieux troncs. — Toute l'année.

Hypholome fasciculé. — Hypholoma fasciculare.

— *Non comestible.* —

Coprin chevelu. — Coprinus comatus.

Spores noires.

Chapeau peu charnu, d'abord cylindrique, puis ovoïde et enfin étalé, obtus. L'épiderme se sépare en mèches nombreuses, formant des sortes d'écailles filamenteuses, assez régulièrement disposées; il est d'abord blanc ou blanc sale avec le sommet jaune terreux, puis il devient rose lilacé et enfin noir.

Les feuillets sont nombreux, minces, mais très larges, d'abord soudés entre eux, blancs, puis rosés et enfin noirs; alors ils se fondent en un liquide noir ressemblant à de l'encre. Voir à ce sujet le chapitre IX.

Pied creux, plus long que le diamètre du chapeau, aminci au sommet et un peu renflé à la base qui se prolonge sous terre par une sorte de longue racine. Anneau petit, mobile et fugace.

Pousse principalement en automne dans les prés, sur le bord des routes, et surtout dans les terrains nouvellement remblayés, où souvent il se montre en très grande abondance.

Ce champignon est très délicat à manger, mais il faut le consommer jeune et lorsqu'il est encore tout blanc, c'est-à-dire deux à trois heures après la récolte. C'est pour cela qu'on ne le voit jamais sur les marchés.

Le **Coprinus ovatus** ou *Coprin ovale*, également comestible, est une espèce voisine à chapeau renflé.

— Planche 43. —

Prés, jardins, décombres. — Été, automne.

Coprin chevelu. — Coprinus comatus.

— *Comestible jeune; excellent.* —

Bolet bronzé. — Boletus æreus.

Noms vulgaires: *Cèpe noir*, *Tête de nègre*, *Gendarme noir*.

Ce champignon a quelque analogie avec le **Boletus edulis**, mais il s'en distingue aisément à sa couleur plus foncée et à son aspect plus trapu.

Le chapeau est épais, compact, arrondi, puis aplati, sec, brun olivacé ou noir, à reflets bronzés; diamètre 8 à 12 centimètres.

Tubes blancs ou blancs jaunâtres, pores petits de même couleur.

Pied robuste à peu près égal, renflé surtout étant jeune, long de 6 à 10 centimètres, gris fauve ou un peu brunâtre, il est couvert dans sa plus grande partie d'un réseau brunâtre et non blanchâtre comme dans le bolet comestible.

Chair blanche, ferme, prenant à l'air une légère teinte jaunâtre; odeur agréable. Pousse dans les bois, surtout de chênes, en été-automne.

Il est moins commun que le cèpe comestible, mais plus estimé.

Tous les bolets destinés à la consommation portent dans le public le nom de *cèpes*; certains auteurs écrivent même *ceps*.

— Planche 44. —

Bois. — Été, automne.

Bolet bronzé. — Boletus æreus.

— *Comestible excellent.* —

Cèpe comestible. — Boletus edulis.

Noms vulgaires: *Cèpe*, *Bruguet*, *Potiron*, *Gros pied*, *Champignon polonais.*

Chapeau arrondi étant jeune, puis devenant plus ou moins convexe plan. Sa couleur varie beaucoup; on le trouve jaune grisâtre ou marron plus ou moins foncé, mais le plus ordinairement il est fauve roux. Il se pèle difficilement.

Tubes ne touchant presque pas au pied, d'abord blancs et couverts comme d'un duvet qui empêche d'en voir les orifices, ensuite jaunâtres, puis verdâtres, avec des orifices petits, réguliers et de même couleur.

Pied plein, robuste, obèse, tantôt court et bulbeux, surtout dans les exemplaires jeunes; tantôt allongé et sensiblement égal, blanchâtre, jaune ou fauve clair, garni dans sa partie supérieure d'un élégant réseau blanc.

Chair épaisse, blanche, ferme dans le champignon jeune, mais devenant molle par la suite, et prenant souvent une teinte vineuse sous l'épiderme. Odeur et saveur agréables.

Ce champignon, l'un des plus connus et des plus estimés, se trouve en été-automne dans presque tous les bois; dans le Midi il apparaît déjà parfois en avril.

Dans les environs de Paris, on peut en récolter quelques-uns dans le mois de juin.

— Planche 45. —

Taillis, futaies. — Été, automne.

Cèpe comestible. — Boletus edulis.

— *Comestible excellent.* —

Bolet rude. — Boletus scaber.

Noms vulgaires: *Roussile*, *Gyrole rouge*, *Temoulo*.

Chapeau hémisphérique, glabre, un peu visqueux en temps humide, roux orangé ou brun noirâtre; diamètre 6 à 12 centimètres.

Pores petits, arrondis, blanchâtres puis grisâtres; tubes ne touchant pas au pied, convexes près de celui-ci. Pied beaucoup plus long que le diamètre du chapeau, aminci vers le haut, blanc grisâtre et parsemé d'un grand nombre de petites écailles noires ou brunes.

Chair blanche, prenant une teinte bleu-ardoisé quand on la brise; odeur peu accentuée, saveur douce ou fade.

Ce champignon varie beaucoup de couleur; on le trouve jaune, orangé, rouge brique, brun plus ou moins foncé et même blanc. Pousse en été-automne dans les bois, souvent sous les bouleaux.

Comestible, mais moins délicat que le **Boletus edulis**; il faut le consommer lorsqu'il est encore jeune, car plus tard sa chair devient molle.

— Planche 46. —

Bois mêlés. — Été, automne.

Bolet rude. — Boletus scaber.

— *Comestible.* —

Polypore chicorée. — Polyporus intybaceus.

Réunion de chapeaux très nombreux, dressés, ayant un peu la forme de spatules incisées, gris, fauves ou jaunâtre clair, larges de 2 à 5 centimètres et formant un ensemble arrondi assez semblable à un chou-fleur.

Pores blancs ou un peu brunâtres, labyrinthiformes, surtout vers le pied et le bord du chapeau. Pied réunis en un tronc généralement court.

Chair blanche ou blanchâtre, fibreuse, ayant une assez forte odeur de champignon.

Ce champignon est très voisin du **Polyporus frondosus** (*Polypore en bouquet, Poule de bois*), dont les chapeaux très nombreux, brun grisâtre, larges de 2 à 5 centimètres, sont réunis dans un seul tronc. Les pores sont également blancs; comme lui il acquiert souvent un poids considérable.

Pousse au pied des chênes en automne; assez rare.

Comestible, mais un peu coriace.

Il paraît que dans certaines régions où ces champignons ne sont pas très rares, on les apporte sur le marché et on les débite par portions.

— Planche 47. —

Au pied des arbres. — Automne.

Polypore chicorée. — Polyporus intybaceus.

— *Comestible jeune.* —

Bolet jaune. — Boletus luteus.

Chapeau jaune fauve plus ou moins foncé, convexe, puis plan avec le centre un peu relevé. Il est recouvert d'une viscosité brune qui disparaît par la suite. Tubes jaunes ayant un orifice petit de même couleur.

Pied blanc jaunâtre, pointillé de brun au-dessus du collier, et légèrement teinté de violacé brunâtre au-dessous: il est, à sa base, couvert d'un cotonneux blanc. C'est une des rares espèces de bolet munie d'un collier.

Collier mince, blanc, puis brunâtre.

Chair molle, blanchâtre ou jaunâtre, saveur amère.

Pousse en automne, surtout dans les bois de conifères.

Ce champignon est comestible, mais peu estimé; on doit, avant d'en faire usage, enlever l'épiderme. Il se décompose assez rapidement.

— Planche 48. —

Surtout sous les conifères. — Été, automne.

Bolet jaune. — Boletus luteus.

— *Comestible, peu estimé.* —

Bolet fauve. — Boletus badius.

Chapeau convexe, assez souvent irrégulier, bai fauve ou un peu rougeâtre, visqueux en temps humide et brillant par le sec, large de 4 à 5 centimètres. Pores anguleux assez grands, d'abord blancs, puis jaunes-verdâtres, surtout lorsqu'on les froisse. Pied ferme, cylindrique, blanchâtre, mais couvert d'une pruinosité brune.

Chair blanche, molle, verdissant ainsi que les tubes quand on la brise. Odeur et saveur insignifiantes.

Pousse en été-automne, dans les bois surtout de conifères.

Ce champignon, qui n'est pas très commun partout, est comestible, mais de qualité médiocre; dans certains pays, en Allemagne notamment, où il est commun, on le consomme en assez grande quantité.

On trouve dans les mêmes endroits un champignon qui ressemble assez au *Boletus badius*, mais qui en diffère en ce que ses pores sont blancs, puis jaunâtres, et qu'ils donnent lieu à des spores blanches et non ochracées comme dans *badius*. De plus, sa chair ne verdit pas ou à peine.

On lui a donné le nom de *Bolet marron* (**Boletus castaneus**); il est également comestible.

— Planche 49. —

Surtout sous les conifères. — Été, automne.

Bolet fauve. — Boletus badius.

— *Comestible.* —

Bolet blême. — Boletus luridus.

Noms vulgaires: *Faux cèpe*, *Oignon de loup*.

Chapeau convexe, arrondi, brun olivacé, ou couleur de rouille, cotonneux, sec, mais un peu visqueux à la fin, ayant souvent plus de 12 centimètres de diamètre.

Tubes longs, plus courts près du pied autour duquel ils forment une dépression, jaunes ou jaunes-verdâtres; pores petits, arrondis, rouges orangés ou carmin foncé.

Pied d'abord gros, court et ventru, puis allongé, aminci à la base, jaune ou rougeâtre, et muni dans sa partie supérieure d'un beau réseau rouge.

Chair jaune molle, bleuissant à l'air, odeur désagréable, saveur nulle.

On trouve communément ce champignon dans les bois, en été-automne. Bien que quelques auteurs le donnent comme comestible, il est préférable de n'en point faire usage.

On trouve quelquefois dans les mêmes endroits que le Bolet blême, une espèce voisine, le *Bolet Satan* (**Boletus Satanas**), dont le chapeau est moins foncé en couleur et souvent blanchâtre sur les bords. De plus, sa chair est normalement blanche pour devenir rougeâtre, ou bleu-violacé lorsqu'on la brise.

On considère à juste titre le Bolet Satan comme vénéneux.

— Planche 50. —

Bois. — Été, automne.

Bolet blême. — Boletus luridus.

— *Suspect.* —

Fistuline hépatique. — Fistulina hepatica.

Noms vulgaires: *Langue de bœuf, Foie de bœuf, Glu de chêne.*

Masse charnue, épaisse, succulente, en forme de langue, ou semi-arrondie, entière ou échancrée, amincie sur les bords. Ce champignon est rouge de sang, ou rouge-brun, visqueux à la face supérieure, et couvert d'aspérités, qui finissent par disparaître. Diamètre 12 à 15 centimètres.

Tubes d'abord blancs, puis d'un jaune pâle, à orifice frangé.

Pied généralement court, épais, oblique, de la couleur du chapeau.

Chair rouge, épaisse, molle, fibreuse et marbrée, laissant écouler, quand le champignon est jeune, un suc rougeâtre.

Saveur un peu acide.

Pousse en été-automne sur les arbres languissants, les vieilles souches, surtout de chêne.

Comestible, mais de digestion difficile. Quelques personnes le mangent cru ou accommodé en salade.

— Planche 51. —

Chênes malades. — Été, automne.

Fistuline hépatique. — Fistulina hepatica.

— *Comestible jeune; indigeste âgé.* —

Hydne sinué. — Hydnum repandum.

Noms vulgaires: *Pied de mouton blanc, Barbe de vache, Erinace,* etc.

Chapeau compact, charnu, convexe, irrégulièrement découpé, jaune chamois, blanchâtre ou blanc jaunâtre, nuancé de rose. Diamètre: 5 à 10 centimètres. Il porte à sa partie inférieure des aiguillons carnés ou bruns pâles, très fragiles, serrés, inégaux, descendant assez bas sur le pied.

Pied plein épais se continuant avec le chapeau, souvent excentrique, de même couleur ou plus clair.

Chair ferme, cassante, blanche, de saveur un peu amère, odeur nulle. Se trouve en automne dans les bois couverts où il forme souvent des colonies nombreuses.

C'est un excellent champignon, rarement piqué par les vers, et allant très tard en saison.

On trouve dans les mêmes endroits une espèce voisine, l'*Hydne rougeâtre* (**Hydnum rufescens**), qui diffère de la précédente par sa teinte sensiblement plus foncée et jaune rougeâtre ou ochracée, et aussi par son aspect plus grêle.

Pour certains mycologues, l'*Hydnum rufescens* ne serait qu'une variété de l'*Hydnum repandum*, comestible au même titre que sa congénère.

— Planche 52. —

Grands bois ombragés. — Automne.

Hydne sinué. — Hydnum repandum.

— *Comestible excellent.* —

Clavaire jaunâtre. — Clavaria flava.

Noms vulgaires: *Barbe de chêne*, *Mainotte*, *Pied de coq*, *Tripette*, etc.

Champignon à souche charnue, épaisse, blanche, donnant naissance à des rameaux très nombreux, cylindriques, lisses d'un jaune plus ou moins intense. Chair blanche à odeur de champignon; saveur agréable; plante fragile.

Pousse en automne dans les bois un peu frais, surtout au voisinage des hêtres. Ce champignon forme des touffes souvent d'un poids assez considérable. Toutes les espèces de clavaires peuvent être regardées comme comestibles, quoique certaines soient indigestes et un peu acides.

Deux espèces voisines de celle dont nous venons de parler, sont la *Clavaire dorée* (**Clavaria aurea**) et la *Clavaire élégante* (**Clavaria formosa**).

La *Clavaire en grappe* (**Clavaria botrytis**) se distingue aisément des espèces précédentes par ses rameaux courts, le plus souvent rouge carminé au sommet.

— Planche 53. —

Bois frais. — Été, automne.

Clavaire jaunâtre. — Clavaria flava.

— *Comestible.* —

Craterelle corne d'abondance. — Craterellus cornucopioides.

Nom vulgaire: *Trompette des morts.*

Voilà certes un champignon dont la forme est bien caractéristique, et qui lui a fait donner le nom de *Corne d'abondance.*

Figurez-vous un champignon mince, ayant la forme d'un entonnoir dont les bords seraient recourbés, ondulés et échancrés; cet entonnoir se prolonge en un tube qui s'amincit graduellement. Le chapeau est brun enfumé, ou gris noirâtre, couvert de petites écailles. L'hyménium (Voir chap. XI) est cendré, rugueux, et marqué de rides rameuses, peu saillantes.

Pousse en été-automne dans les bois frais, en troupes souvent nombreuses.

Ce champignon, en raison de son abondance et de la facilité avec laquelle on peut le conserver, par une simple dessiccation, mériterait d'être plus employé.

On pourrait l'appeler la *truffe du pauvre*; il a un peu l'aspect de cette dernière lorsqu'elle est coupée en tranches minces; il en a aussi un peu la saveur.

— Planche 54. —

Bois frais. — Été, automne.

Craterelle corne d'abondance. — Craterellus cornucopioides.

— *Comestible excellent.* —

Vesse-loup gigantesque. — Lycoperdon giganteum.

Champignon globuleux, sphérique, ayant de 20 à 40 centimètres de diamètre et n'adhérant au sol que par une très petite racine; il est blanc ou blanc sale et le plus souvent satiné lisse, comme de la peau de gant, quelquefois son épiderme se fendille à la partie supérieure de manière à former des crevasses plus ou moins régulières.

Ce champignon a communément le volume de la tête d'un enfant; il n'est pas rare d'en trouver du poids de 4 à 5 kilos. Celui que représente notre planche avait la grosseur d'une très forte tête d'homme et pesait 4kg 900.

On le trouve en automne dans les friches, les pâturages, et même dans les jardins. Il est comestible étant jeune et lorsque la chair est encore blanche et ferme; plus tard il devient jaune, puis gris et se fend irrégulièrement, et sa chair, de blanche qu'elle était, devient jaune verdâtre, puis elle se transforme en une poussière brune.

Les Lycoperdons sont assez fréquents dans les bois ou les prairies; ils ont tous la forme d'une boule se prolongeant en un support qui adhère au sol.

Nous en citerons, pour l'instant, encore deux espèces, nous réservant d'y revenir plus tard.

Normalement, tous les Lycoperdons sont comestibles, mais peu estimés.

— Planche 55. —

Friches, pâturages, jardins. — Été, automne.

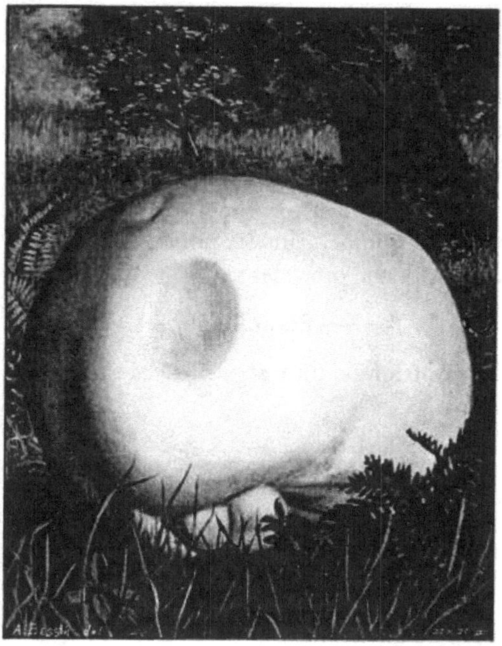

Vesse-loup gigantesque. — Lycoperdon giganteum.

— *Comestible jeune.* —

Vesse-loup ciselée. — Lycoperdon cælatum.

Figure de droite de la planche.—Champignon ovale conique, en forme de poire, ayant de 10 à 12 centimètres de hauteur, rattaché au sol par une racine peu développée, blanc, puis fauve ou légèrement brunâtre, ordinairement couvert de verrues plus ou moins polygonales qui lui donnent un aspect ciselé. Ces verrues se détachent facilement.

A la maturité, ce Lycoperdon s'ouvre au sommet par un orifice qui laisse échapper les spores. La chair, qui est d'abord blanche et compacte, devient jaune verdâtre, puis brune, pour se résoudre en poussière qui s'échappe à la moindre pression.

Pousse en automne dans les friches, les pâturages. Comestible étant jeune et lorsque la chair est encore blanche.

Vesse-loup perlée. — Lycoperdon gemmatum.

Les 4 figures de gauche et du milieu de la planche. — Champignon ovale, mamelonné, se continuant en un pied un peu conique, long de 3 à 7 centimètres et couvert de petites éminences droites se détachant avec la plus grande facilité.

Commun en été, automne, dans les bois et les friches. Comestible dans les mêmes conditions que le précédent.

— Planche 56. —

Bois, friches, pâturages. — Été, automne.

Vesse-loup ciselée. — Lycoperdon cælatum.

Vesse-loup perlée. — Lycoperdon gemmatum.

— *Comestibles jeunes.* —

Pézize en coupe. — Peziza acetabulum.

Les Pézizes forment une importante famille du groupe des **Discomycètes**. Elles ont toutes plus ou moins la forme d'une coupe, munie ou non d'un pied. C'est dans l'intérieur de la coupe que se trouvent les spores, ces minuscules organes de reproduction qui, dans les Agarics, sont placés sur les feuillets et, chez les Bolets, dans les tubes.

On trouve de charmantes Pézizes un peu partout, sur la terre, sur le bois mort, sur les feuilles et aux endroits où l'on a fait du charbon. La variété de leurs couleurs est surprenante: il y en a de rouges, de jaunes, de violettes, de bleues, de vertes, etc. Aucune Pézize n'est vénéneuse, mais, en raison de leur petite taille, on ne fait usage que de quelques-unes d'entre elles.

L'espèce que représente notre planche a la forme d'une coupe, mince, fragile, grisâtre ou jaunâtre extérieurement, brun sombre à l'intérieur. Largeur: 3 à 5 centimètres; hauteur: 5 à 8 centimètres. Pied court épais, blanchâtre, creux, lacuneux, marqué de côtes saillantes, rameuses, qui se prolongent presque jusqu'au sommet de la coupe.

Pousse au printemps, à terre, dans les endroits un peu frais. Comestible.

Les Pézizes, tout au moins les grandes espèces, jouissent de la singulière propriété de projeter leurs spores sous la forme d'un nuage très visible.

Il suffit de secouer brusquement le champignon pour observer le phénomène.

— Planche 57. —

Bois frais. — Printemps.

Pézize en coupe. — Peziza acetabulum.

— *Comestible, sans grande saveur.* —

Pézize veinée. — Peziza venosa.

Nom vulgaire: *Oreille de chat.*

Champignon en forme de coupe, d'abord globuleux, puis étalé, souvent fendu sur les bords qui sont irréguliers: il est blanc jaunâtre extérieurement, et muni d'un pied court marqué de quelques côtes qui se prolongent un peu sur le champignon. L'intérieur de la coupe est d'un brun plus ou moins intense, garni de côtes ou veines qui lui donnent un aspect bosselé; son diamètre varie de 3 à 6 centimètres et plus.

Cette espèce, qui n'est pas rare au printemps, est fréquemment consommée sous le nom d'*Oreille de chat.*

Lorsqu'on veut manger des pézizes, il faut, comme pour les autres champignons, leur faire subir un nettoyage; mais ici tout se borne à enlever les parties qui pourraient être altérées, la base du champignon, ainsi que tout corps étranger qui pourrait y adhérer. En tout cas, il ne peut être question de les peler, comme cela a lieu pour les agarics, les bolets, etc.

— Planche 58. —

Bois frais. — Printemps.

Pézize veinée. — Peziza venosa.

— *Comestible.* —

Morille comestible. — Morchella esculenta.

Tout le monde connaît la morille ou plutôt les morilles, car il y en a plusieurs espèces, toutes comestibles; mais celle dont nous voulons parler est à coup sûr la plus estimée. Elle est douée d'un parfum qu'on ne saurait trouver dans aucun autre champignon.

La Morille comestible est de deux nuances; il y a, comme disent les marchands, la *jaune* et la *grise*.

La jaune est généralement plus grosse, arrondie, de coloration un peu bistrée; les alvéoles (on appelle ainsi les enfoncements que l'on remarque sur la partie globuleuse du champignon) sont grandes, polygonales, irrégulières et disposées sans ordre.

Les semences ou spores des champignons se trouvent sur le bord des alvéoles. Le pied de la Morille est creux, blanchâtre, un peu cylindrique, marqué de sillons plus ou moins prononcés et couvert à sa partie supérieure d'une sorte de poussière écailleuse. Sa hauteur est toujours moindre que celle du chapeau.

Les principales variétés de la Morille comestible sont:

1° La *Morille ronde*, **Morchella esculenta** var. **rotunda**, dont nous venons de parler, et qui est représentée à gauche dans la planche;

2° La *Morille grise*, **Morchella esculenta**, var. **vulgaris**, figurée à droite, qui en diffère par sa forme plus allongée, moins globuleuse, sa couleur qui est grise, plus ou moins teintée de fauve et non de jaune, enfin par les alvéoles, qui sont sensiblement plus petites, irrégulières.

Cette variété est plus précoce que la première.

— Planche 59. —

Bois, friches. — Printemps.

Morille comestible. — Morchella esculenta.

— *Comestible excellent.* —

Morille conique. — Morchella conica.

Champignon de taille moyenne, plutôt petite, mesurant de 5 à 10 centimètres de hauteur, de couleur grise ou fauve. Alvéoles moins grandes que dans la Morille comestible, étroites, quadrangulaires, généralement disposées en séries régulières et limitées par des côtes épaisses.

Pied blanc plus court que la hauteur du chapeau, égal, couvert de petites écailles.

Ce champignon, bien reconnaissable à sa forme, se trouve dans les bois de conifères aux mêmes époques que les autres morilles, c'est-à-dire en avril et mai; il n'est pas très commun dans les environs de Paris.

Morille élevée. — Morchella elata.

Cette espèce de morille, qui se trouve représentée à gauche de la planche ci-contre, n'est pas sans analogie avec la Morille conique. Elle est cependant un peu plus haute, d'où son nom de Morille élevée; son chapeau est fauve olivacé ou grisâtre, cylindrique, un peu rétréci au sommet, qui est obtus et non conique.

Les alvéoles sont également disposées en séries régulières et séparées par des côtes transversales moins saillantes.

Pied blanchâtre ou jaunâtre, sensiblement égal, un peu plus court que le chapeau, sillonné et revêtu de petites granulations. Pousse également sous les arbres verts, mais paraît plus rare dans la plaine que dans la montagne.

— Planche 60. —

Forêts, surtout de conifères. — Printemps.

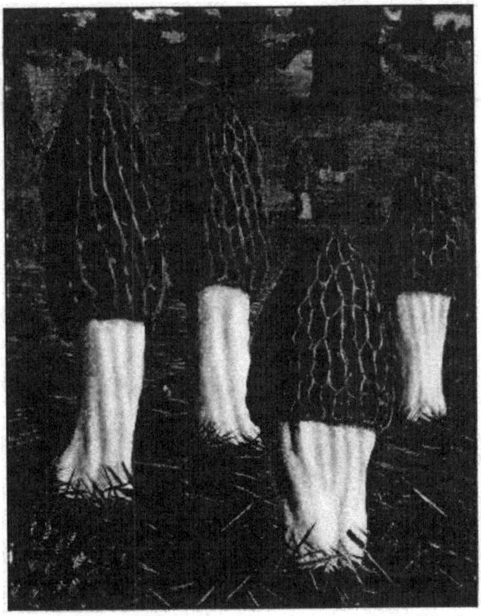

Morille élevée. — Morchella elata.

Morille conique. — Morchella conica.

— *Comestibles.* —

Morille semi-libre. — Morchella semi-libera.

Nom populaire: *Morillon.*

Ce champignon diffère totalement d'aspect des différentes morilles dont nous venons de parler, et l'on pourrait le caractériser ainsi: petit chapeau, grand pied.

Cette Morille a environ de 10 à 15 centimètres de hauteur. Le chapeau est court, conique, pointu, fauve brunâtre. Côtes longitudinales réunies par des veines, qui forment des alvéoles oblongues. Pied blanchâtre farineux, creux, d'abord court, puis s'allongeant beaucoup, et attaché au milieu du chapeau, d'où son nom de Morille à moitié libre.

Commun partout en avril-mai, dans les bois frais, surtout au voisinage des peupliers. On le consomme sous le nom de *Morillon,* à l'instar de la Morille; mais il est bien moins délicat.

Souvent le pied creux des morilles est habité par des *Perce-oreilles* ou *Forficules,* insectes de la famille des Orthoptères, qui fuient la lumière et sont absolument inoffensifs pour l'homme.

Nous conseillons à nos lecteurs, lorsqu'ils voudront manger le Morillon, de ne garder que le chapeau et de rejeter le pied.

— Planche 61. —

Bois frais. — Printemps.

Morille à moitié libre. — Morchella semi-libera.

— *Comestible.* —

Helvelle lacuneuse. — Helvella lacunosa.

Noms vulgaires: *Oreille de Judas, Mitre d'évêque.*

Dans les Helvelles, le réceptacle (chapeau) est charnu, mince, lisse, irrégulier, sinueux, offrant quelquefois la forme d'une mitre ou d'une cornette; il est couvert extérieurement par les spores.

Le pied est uni ou lacuneux, creux ou rempli d'une substance cotonneuse. Dans l'Helvelle lacuneuse, le réceptacle est enflé, formé de deux à quatre divisions retombantes, adhérentes entre elles, cendrées, noires, ou noirâtres au-dessus, plus ou moins claires en dessous; pied lacuneux, blanc ou grisâtre.

Pousse en été-automne, dans les bois ombragés, le long des haies, au bord des routes, et comestible comme toutes les Helvelles.

Les Helvelles, de même que les Pézizes et les Morilles, font partie du groupe des Discomycètes.

Les spores sont également renfermées au nombre de huit dans des sacs allongés qui viennent s'ouvrir à la surface du réceptacle. Comme dans les Pézizes, on peut constater le petit nuage produit par la sortie des spores.

— Planche 62. —

Bois ombragés, bord des routes. — Automne.

Helvelle lacuneuse. — Helvella lacunosa.

— *Comestible, assez agréable.* —

Helvelle crépue. — Helvella crispa.

Nom vulgaire: *Oreille de chat blanche.*

Les Helvelles, par leur forme bizarre, leur pied lacuneux sillonné et leur chapeau diversement contourné, sont un sujet d'étonnement pour celui qui les trouve une première fois. Par leur organisation, elles se rapprochent des Morilles.

Dans l'*Helvelle crépue*, le réceptacle est enflé, divisé, ondulé, contourné; les lobes sont d'abord attachés, puis libres, blanchâtres ou jaunâtres. Pied épais, complètement rempli de lacunes allongées, plus blanc que le réceptacle et haut de 6 à 10 centimètres.

Pousse en automne et en hiver, dans les bois, les gazons, le long des fossés, etc.; comestible comme toutes les Helvelles. L'Helvelle crépue offre plusieurs variétés dans lesquelles la teinte du réceptacle varie du blanc jaunâtre au fauve roussâtre.

Les Helvelles, en raison de leur constitution lacuneuse, demandent à être examinées avec le plus grand soin lorsque l'on veut en faire usage pour la cuisine; il suffirait d'un peu d'inattention pour être exposé à ingurgiter quelque bestiole qui se serait réfugiée à l'intérieur de ses cavités.

— Planche 63. —

Bois ombragés, bord des routes. — Automne.

Helvelle crépue. — Helvella crispa.

— *Comestible, assez agréable.* —

Truffe à spores noires. — Tuber melanosporum.

Noms vulgaires: *Truffe du Périgord*, *Truffe des gourmets*, *Truffe violette*, *Rabasse*, etc.

Les Truffes sont des champignons si connus que nous pourrions aisément nous dispenser d'en faire la description. On trouve dans le commerce des Truffes de provenances différentes, mais nous parlerons seulement de la *Truffe du Périgord*, la truffe par excellence, ainsi appelée parce que c'est surtout dans cette ancienne province qu'on la récolte en abondance pour l'expédier dans le monde entier.

La *Truffe du Périgord*, comme du reste toutes les autres espèces, se présente à nous sous la forme d'une masse irrégulièrement arrondie d'un noir brunâtre, de la grosseur d'une noix à celle d'une orange, mais on en trouve également de plus petites comme de plus grosses. La surface est couverte de verrues, appelées *diamants*, à six côtés, déprimées au sommet. La chair, d'abord blanche, passe ensuite au jaune, puis au brun de plus en plus foncé, pour devenir noir violacé à la maturité; elle est marbrée de veines blanches devenant finalement brun rougeâtre. La coloration de la chair provient des nombreuses spores noir violacé qu'elle renferme.

La Truffe vient presque exclusivement en terrain calcaire, de préférence en sol friable, dans les clairières où l'herbe est rare ou absente, notamment au voisinage de certains chênes appelés *chênes truffiers* et toujours sous le sol. Nous avons figuré, à gauche de la planche, un rameau de l'espèce principale dans le rayon de laquelle se plaît la Truffe du Périgord: c'est le *Chêne pubescent* ou *Quercus pubescens*. Quoique ce soit au voisinage des racines de cet arbre que l'on trouve le plus de truffes noires, on peut fort bien en trouver sous d'autres chênes.

La récolte se fait principalement de décembre à fin mars à l'aide de porcs, de préférence des truies dont l'odorat serait plus fin; moins souvent on emploie des chiens, du moins en Périgord. Ces animaux ont tous le don de sentir la truffe de loin, souvent à 40 mètres et au delà. Le *rabassier*, homme récolteur de truffes, ayant amplement nourri l'animal avant son départ pour la chasse, tient celui-ci retenu par une corde et le suit dans ses recherches à ras du sol. Dès que le porc enfonce son groin en terre, il lui assène un coup de son bâton ferré pour lui faire lâcher prise et déterrer à sa place le précieux tubercule. La récolte, extrêmement variable, peut atteindre jusqu'à 15 kilos dans une journée, mais c'est exceptionnel.

Le renard, le loup, le cerf, le chevreuil, l'écureuil et tous les autres rongeurs, de même que le chat, sont tout aussi friands de la truffe que le porc; quantité d'insectes, mouches et coléoptères y déposent leurs œufs, et leurs larves s'en nourrissent.

La Truffe, quoi qu'on puisse en penser, est un aliment non seulement facile à digérer, mais de nature à faciliter la digestion. Du moins, feu le professeur Chatin, qui a écrit un gros livre sur son compte, l'affirme, et Brillat-Savarin l'a énoncé avant lui.

Il y aurait bien des choses à dire encore, mais la place est limitée. Ceux qui sont curieux d'en savoir plus long n'ont qu'à consulter l'ouvrage de Chatin, qui leur donnera tous les détails voulus.

— Planche 64. —

Midi de la France surtout. — Automne, hiver.

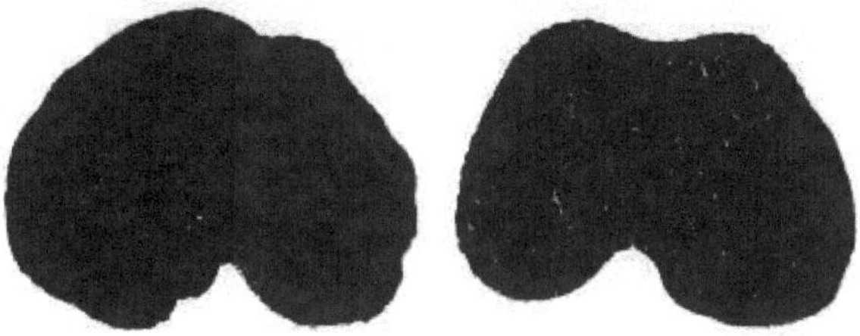

Truffe à spores noires ou **Truffe du Périgord**

Tuber melanosporum.

PARTIE II

Généralités.

CHAPITRE I

Qu'est-ce qu'un champignon? Notions générales sur les champignons.

Le mot champignon paraît provenir du latin *Campus*, qui veut dire champ, parce que les champignons croissent souvent dans les champs. Les Latins les nommaient *Fungi*, et chez les Grecs on les appelait *Myxetes*, dont on a fait mycètes, puis *mycologie*, qui veut dire science des champignons.

Pendant longtemps, les idées les plus fausses ont eu cours sur les champignons, et, de tout temps, le peuple, en voyant leur apparition rapide à certains endroits, a cru qu'ils provenaient spontanément des corps en décomposition, sans penser que, comme les autres végétaux, ils produisaient des semences destinées à leur propagation.

Rien n'est plus facile que d'en donner la démonstration. Prenons un champignon quelconque, le champignon de couche par exemple, que tout le monde connaît, plaçons-en le chapeau, après en avoir préalablement coupé le pied, sur un papier blanc: nous verrons au bout de quelques heures notre papier recouvert d'une couche brune, qui n'est autre que la réunion d'un nombre considérable de graines qui se sont détachées du champignon en question. Ces graines, mises dans des conditions convenables, peuvent germer et produire de nombreux filaments blancs, d'où pourra sortir, par la suite, un champignon de tous points identique à notre champignon de couche. Dans tous les champignons, quels qu'ils soient, on retrouve, à un moment donné, ces graines destinées à propager l'espèce. Ainsi donc les champignons rentrent dans la loi commune, ils se reproduisent de graines. Indépendamment du mode de reproduction par graines, qui est général pour tous les champignons, ces végétaux peuvent offrir d'autres modes de propagation, dont nous ne parlerons pas pour l'instant, si ce n'est pour rappeler le blanc de champignon, seul moyen employé pour se procurer rapidement le champignon de couche.

Les champignons, avons-nous dit, s'offrent à nous sous des formes si multiples, si variées, que souvent on a de la peine à les reconnaître comme tels, et, pour donner une idée de leur nombre, il nous suffira de dire que la seule description de toutes les espèces connues a fourni la matière de nombreux in-octavo.

Dans le peuple, on donne généralement le nom de champignons à ceux qui, comme les champignons de couche, les morilles, les bolets, les pézizes, les truffes, etc., se présentent à nous sous des formes très apparentes et facilement reconnaissables; mais il faut étendre cette qualification à une multitude d'autres formes, plus curieuses les unes que les autres, et dont l'organisation merveilleusement compliquée étonne l'observateur qui cherche à l'entrevoir. Cette structure n'est du reste visible qu'à un fort grossissement et nécessite l'emploi du microscope, ce qui explique qu'elle ne soit connue que d'un fort petit nombre de personnes.

Les moisissures qui apparaissent sur nos aliments: confitures, fromage, pain, etc., sont des champignons. Les organismes qui attaquent nos végétaux ou qui causent certaines de nos maladies sont également des champignons. Nous pourrions ajouter aussi que les ferments qui président dans notre corps à l'élaboration de nos aliments, ceux qui interviennent dans la fabrication du vin, du cidre, de la bière, etc., en sont aussi.

Comme on le voit, il n'est peut-être pas dans le monde végétal un groupe qui offre autant de diversité de formes que celui des champignons, et, même à notre époque, les savants ne sont pas d'accord sur ce point, de savoir si l'on doit faire rentrer certains organismes, *soit dans les champignons proprement dits, soit dans les algues, soit même dans les animaux inférieurs*! Ceci nous amène à rechercher ce que l'on doit entendre par champignon.

Ce qui caractérise les champignons quels qu'ils soient, c'est qu'ils ne renferment pas de *chlorophylle*, cette matière verte si abondamment répandue dans toutes les autres classes des végétaux. C'est là, on en conviendra, un caractère d'une extrême importance et facile à constater.

L'absence de chlorophylle chez les champignons implique un mode de nutrition tout à fait spécial; on sait en effet que dans les végétaux pourvus de chlorophylle, l'acide carbonique contenu dans l'air ou dans l'eau se trouve décomposé par la chlorophylle, et le carbone mis en liberté est assimilé par le végétal, pour servir à son édification. Dans les champignons, au contraire, il est absolument nécessaire que ces éléments hydrocarbonés se trouvent tout prêts à être absorbés, et *c'est dans les matières organiques en décomposition qu'ils puisent les éléments nécessaires à leur constitution.*

Nos lecteurs trouveront plus loin, chapitre IV, de plus amples renseignements sur ce sujet.

CHAPITRE II

Comment se forment les champignons. Organisation et développement.

Poursuivant nos investigations, nous allons constater que les champignons comportent le plus souvent deux sortes d'organes.

Une partie plus ou moins apparente et que l'on qualifie généralement du nom de champignon, se montrant au-dessus du sol, plus rarement se développant sous terre: c'est cette partie que l'on nomme le *réceptacle* (souvent le réceptacle porte plus spécialement le nom de chapeau); sa forme est excessivement variable; quelquefois elle est très volumineuse, comme par exemple dans la Vesse-loup géante (*Lycoperdon giganteum*, pl. 55), qui peut avoir 1 mètre et plus de circonférence, tandis que, dans d'autres cas, ses dimensions sont tellement réduites, qu'il est nécessaire de recourir au microscope pour en pouvoir distinguer la forme.

C'est le réceptacle qui porte les organes de reproduction, c'est-à-dire les graines (appelées *spores*), qui, placées dans des conditions favorables, germent et arrivent plus ou moins rapidement à reproduire le champignon.

Les spores de même que les réceptacles offrent une grande diversité de forme et de couleur; leur grosseur varie aussi énormément, et comme ces spores ont une grande fixité, elles offrent d'excellents caractères pour la classification.

L'autre partie du champignon est moins visible et moins variée que celle dont nous venons de parler, c'est la partie végétative du champignon. Dans les champignons proprement dits: agarics, bolets, morilles, etc., on lui donne généralement le nom de *mycélium*. C'est cette partie que l'on nomme *blanc de champignon*, dans le champignon de couche. Le mycélium est quelquefois très développé, comme dans les agarics, où il forme de grandes traînées, souvent blanches, qui s'étendent quelquefois fort loin. Le mycélium peut être assimilé à des racines, puisque c'est par son intermédiaire que le champignon adhère au support qui le nourrit. C'est sur ce mycélium que se développent à certains endroits les organes fructifères, c'est-à-dire le champignon proprement dit. Quelquefois le mycélium est très réduit et fort difficile à distinguer de l'appareil fructifère.

Le mycélium se présente souvent sous la forme de filaments très fins et très nombreux enchevêtrés, brillants, blancs ou d'une autre couleur; mais il a parfois un aspect tout différent: tantôt ce sont des sortes de lanières noires, coriaces, d'une grande longueur et plus ou moins ramifiées, que l'on appelait autrefois des *Rhizomorphes*. Ces lanières se trouvent fréquemment sous l'écorce des arbres malades. On le trouve aussi sous la forme de tubercules, plus ou moins gros, irréguliers, noirs extérieurement; on a donné à ce genre de mycélium le nom de *sclérote*. L'ergot de seigle notamment est un sclérote.

Le mycélium d'un champignon peut n'avoir qu'une durée éphémère, mais le plus souvent il est capable de vivre fort longtemps.

Bien des personnes ont eu certainement l'occasion de remarquer que certains champignons, surtout parmi les agarics, avaient une tendance à pousser en cercle. On trouve parfois de ces cercles de grandes dimensions et très réguliers; on leur a donné, dans les campagnes, le nom de cercle des sorcières. Cette curieuse disposition est due à ce que le mycélium a un développement centrifuge: nous allons expliquer en quelques mots comment les choses se passent.

Lorsqu'une spore germe, elle émet tout à l'entour de nombreux filaments très fins et enchevêtrés. Si les conditions de végétation restent favorables, la surface couverte par les filaments issus de la spore augmente peu à peu en s'éloignant à peu près également de leur point de départ qui est la spore, de manière à former une tache circulaire.

Dans la nature tout se passe ainsi, au moins dès le début, mais, par la suite, il arrive presque fatalement que ce développement en rond parfait se trouve entravé par des circonstances quelconques: il se produit alors des lacunes et le charme de la régularité cesse d'exister.

Mais le rôle du mycélium ne consiste pas simplement à se développer indéfiniment, et il doit donner des fruits, c'est-à-dire des champignons, tout comme un pommier, un poirier doivent donner des pommes et des poires, ou une plante quelconque donner des graines.

Or donc, à un moment donné, notre mycélium, issu d'une spore, donnera, s'il s'est trouvé dans des conditions favorables, des champignons qui, le plus souvent, viendront se montrer à la surface du sol, où ils jalonneront la présence du mycélium souterrain.

La première fructification se trouvera assez rapprochée du centre initial, c'est-à-dire de la spore, et comme dans bien des cas, par suite de l'homogénéité du sol où le mycélium s'est développé, cette fructification se produira régulièrement, nous aurons une série de champignons disposés circulairement.

Pour peu que ces conditions favorables se maintiennent quelques années, nous aurons successivement des cercles de plus en plus grands.

Comme la vie active du mycélium se porte toujours aux extrémités, le centre ne se trouvant plus nourri suffisamment, ne tarde pas à péricliter et à mourir: il en résulte que si l'on pouvait, au bout d'un certain temps de végétation, mettre à nu le mycélium, on constaterait, avec un certain étonnement, qu'il ne comporte plus qu'une bande circulaire plus ou moins large, dont la partie la plus vivace est à l'extérieur.

Ainsi donc, les parties périphériques seules restent vivaces et produisent les champignons, tandis que le centre s'épuise et meurt. On comprend sans peine que, chaque année, le mycélium s'éloigne davantage de son centre et occupe un cercle de plus grande dimension. Il nous est arrivé de trouver des cercles de *Clitocybe nebularis* (pl. 19), comprenant plus de soixante individus. Il est bon d'ajouter que le plus souvent, par suite des accidents de terrain, ou de circonstances peu favorables, le mycélium ne se développe pas d'une façon aussi régulière.

Les champignons, avons-nous dit, ne poussent pas aussi rapidement qu'on serait tenté de le croire et surtout dans l'espace d'une nuit, comme on l'a écrit. Le jeune champignon demande un temps relativement long, plusieurs jours au moins pour arriver à son entier développement, et encore faut-il que les conditions d'humidité et de chaleur soient favorables. Dans la culture du champignon de couche, ce n'est guère que quarante jours après la confection de la meule que les champignons commencent à se montrer, et la récolte peut durer près de trois mois. (V. art. 17 de *L'Amateur de Champignons*.)

Tout champignon, ne l'oublions pas, provient d'une graine ou spore; or cette spore peut germer aussitôt mûre et reproduire le champignon tout aussi rapidement, comme dans les ferments, les moisissures, etc., mais cette spore—et c'est le cas le plus fréquent—peut conserver son pouvoir germinatif pendant fort longtemps, et attendre le moment propice pour germer et continuer le cycle de son développement.

De même le mycélium peut, lorsque les conditions de végétation ne lui sont pas favorables, rester plusieurs années sans fructifier. A l'appui de notre dire, nous pourrions citer le *Tricholoma panæolum* que, pendant bien des années, nous n'avions pas retrouvé dans un bois fréquemment visité par nous, et que l'année dernière nous avons récolté en grande quantité. L'*Oronge vraie* (pl. 1), si recherchée des amateurs, est quelquefois introuvable certaines années; le mycélium existe bien, mais il lui est impossible, en raison du manque d'humidité ou de chaleur, de développer son champignon.

Les spores ou graines sont excessivement variées de grosseur, de forme et de couleur; elles peuvent être ovales, c'est-à-dire avoir la forme d'un œuf plus ou moins allongé, d'autres fois elles sont sphériques, ou bien elles se présentent à nous comme de petits bâtonnets, qui peuvent être courts ou très allongés, réguliers ou irréguliers, droits ou courbes; elles peuvent aussi affecter des formes géométriques très variées. Les spores peuvent être lisses ou diversement ornées, continues ou plus ou moins divisées à leur intérieur par des cloisons; leur contenu peut être homogène ou plus ou moins différencié. La couleur des spores peut être nulle, on dit alors qu'elles sont blanches, d'autres fois elles sont jaunes plus ou moins foncées, roses ou rouges, ochracées, couleur de rouille ou même noires.

Pour se rendre compte de la forme et de l'organisation des spores dans les champignons, on doit faire usage d'un microscope donnant un grossissement assez fort. Le groupement et la disposition des spores dans les champignons ne sont pas moins caractéristiques; on les trouve isolées, ou agglomérées en plus ou moins grand nombre, munies ou non d'un pied (les botanistes disent: pédicellées). Tous les caractères tirés de la spore ont été, en raison de leur constance, mis à profit dans la classification des champignons, où ils rendent les plus grands services.

CHAPITRE III

Composition chimique, coloration et odeur des champignons.

La composition chimique des champignons est en général plus simple que celle des autres végétaux. A part l'eau qui, dans beaucoup d'espèces, entre pour une très grande part (jusqu'à 90 pour 100), on trouve, dans les champignons, de la cellulose ou un principe hydrocarboné s'en rapprochant, des matières gommeuses et sucrées, des matières albuminoïdes et des sels; ajoutons aussi des matières grasses et colorantes.

Nous pourrions incidemment faire remarquer que l'on ne trouve pas d'amidon dans les champignons. On pouvait à priori le prévoir, puisque nous avons vu plus haut que ces végétaux ne renfermaient point de chlorophylle. Or comme ces deux substances s'accompagnent toujours, il ne peut y avoir d'amidon puisqu'il n'y a pas de chlorophylle.

Des principes sur lesquels nous devons nous arrêter un instant, en raison de leur importance, sont les principes toxiques. Tout le monde sait, en effet, qu'il y a des champignons que l'on ne peut consommer sans danger de mort ou de malaise; on a donné à ces champignons le nom de champignons vénéneux. Les amanites renferment bon nombre d'espèces vénéneuses et toutes celles qui sont mortelles.

Le principe toxique contenu dans les champignons est encore imparfaitement connu, et paraît différer suivant l'espèce de champignon dont il provient. C'est ainsi que, suivant certains auteurs, les amanites fourniraient de l'*amanitine*; d'autres savants verraient, dans les amanites, deux principes, la *phalline* et la *muscarine*. Les bolets, eux, renfermeraient de la *bulbosine*.

Quoi qu'il en soit, il semble avéré que le principe toxique des champignons est soluble dans l'eau bouillante, ou même dans l'eau salée après une macération suffisamment prolongée; cela explique que certaines personnes aient pu consommer sans inconvénient des champignons éminemment toxiques. Il est bon d'ajouter qu'avec un semblable traitement, le champignon perd la plus grande partie de ses qualités gustatives, et ne présente plus qu'un aliment insipide, voire même indigeste.

On trouve dans l'ergot de seigle (qui est un sclérote; voir chap. II) un principe toxique, l'*ergotine*, que l'on utilise avec succès dans la médecine.

Les champignons sont susceptibles de couleurs variées, souvent très vives. On trouve des rouges de toutes nuances, des jaunes, des bruns plus ou moins foncés; le violet n'est pas rare, tandis que la couleur verte est peu répandue. Toutes ces teintes sont dues à des liquides ou à des substances granuleuses contenus dans les cellules. Les teintes blanches, qui sont fréquentes, proviennent d'un jeu de lumière sur une ou plusieurs couches de cellules remplies d'air. Dans certains champignons, les bolets par exemple, la chair change de couleur lorsqu'on la brise au contact de l'air; il y a là probablement un phénomène d'oxydation.

Parmi les autres propriétés des champignons, nous pouvons signaler leur odeur. Tous, plus ou moins, il est vrai, en ont une qui leur est propre: c'est l'odeur de champignon. A part celle-ci, qui se retrouve à peu près partout, à un degré plus ou moins accentué, on en trouve qui sont doués d'une odeur tout à fait spéciale, quelquefois agréable, mais pouvant être aussi repoussante: il y en a qui sentent la farine, le savon, l'ail, etc.

Indépendamment de l'odeur, les champignons ont souvent une saveur très caractéristique; ainsi certains lactaires sont très âcres, d'autres ont une saveur salée ou poivrée.

Quelques champignons, parmi lesquels nous citerons le pleurote de l'olivier (*Pleurotus olearius*), jouissent de la singulière propriété d'être lumineux dans l'obscurité; d'après des recherches récentes, cette phosphorescence serait due à des bactéries.

CHAPITRE IV

Du rôle des champignons dans la nature.

Les champignons forment parmi les végétaux un groupe très important qui a été surtout étudié au point de vue taxonomique et biologique. Mais si l'on connaît maintenant la description des nombreuses espèces réparties sur les continents, si pour beaucoup d'entre eux on a pu déterminer les conditions de leur existence, il semble qu'on a quelque peu omis de mettre en lumière le rôle qui leur est dévolu dans l'économie de la nature.

Le public, en effet, n'envisage généralement en toutes choses que le côté purement utilitaire, et si l'on se borne à apprécier les champignons à ce point de vue, il faut bien reconnaître que de prime abord ils paraissent d'une importance relativement minime.

Comme aliments ils peuvent être consommés en nature au même titre que bien d'autres végétaux, mais en général ils ne sont pas considérés comme des aliments proprement dits, et indispensables à notre existence. Ce sont plutôt, «étant bien entendu qu'il ne s'agit que d'un petit nombre d'espèces prises parmi les champignons supérieurs», des condiments qui satisfont plus notre palais que notre estomac, et dont on peut se passer aisément. Au reste, le nombre de gens qui consomment des champignons est infime relativement au chiffre des humains.

Indirectement, ils ont une utilité plus grande dans certains cas où ils interviennent en dehors de nous, pour provoquer des transformations qui sans eux ne pourraient se produire.

Dans beaucoup de fermentations, ce sont eux qui sont les agents des modifications chimiques qu'ils effectuent en raison d'une force catalytique dont l'appréciation nous échappe. Ainsi la transformation des jus sucrés et principalement du jus de raisin, dans la fabrication du vin, en est un exemple. Sous l'influence d'un champignon, qui se trouve très répandu dans la nature, et en particulier au voisinage des grains de raisin, le jus sucré qui en provient sert de liquide nutritif au mycoderme qui, trouvant là tous les éléments utiles à sa nutrition et à sa reproduction, se multiplie à l'infini.

Ce ferment a la propriété de dédoubler le sucre de raisin en alcool et acide carbonique. Le phénomène continue à se produire tant qu'il reste du sucre non décomposé. En même temps que se produisent ces réactions, le ferment se multiplie considérablement et finalement le liquide restant contient peu ou pas de sucre et une certaine quantité d'alcool.

Ce que nous venons de dire pour le jus de raisin, nous pourrions le répéter pour d'autres liquides organiques: c'est ainsi que la fabrication de la bière est liée à la présence et à la multiplication d'un champignon intervenant comme ferment. Si les champignons sont parfois utiles à l'humanité, indispensables même, il arrive souvent qu'ils sont la cause de fléaux véritables.

Tout le monde sait que nos plantes cultivées, et surtout celles qui nous sont indispensables, sont souvent attaquées et détruites par ces végétaux, au point de constituer parfois un véritable désastre. L'homme est obligé de lutter contre ces infiniment petits, et souvent il le fait sans grand résultat: heureusement que ces calamités, après avoir pris une extension considérable, disparaissent presque complètement pour reparaître plus tard en d'autres lieux.

A quoi est due cette disparition providentielle, on l'a en vain cherché, et l'on en est réduit à des hypothèses. Peut-être que ces germes infimes, qui sont répandus partout, se développent en grand nombre, lorsque les conditions ambiantes leur sont favorables, de même qu'ils sont incapables de proliférer si les conditions climatériques leur sont contraires.

Si nous considérons les champignons au point de vue de leur utilité pratique, nous constaterons que leur rôle est assez effacé, au moins les grandes espèces. Il en est autrement pour celles d'organisation très simple, et si nous avons cité tout à l'heure leur intervention dans la fabrication du vin et de la bière, nous pouvons ajouter que l'industrie s'est emparée de quelques-uns d'entre eux pour en faire l'objet d'un commerce important.

On fabrique actuellement des quantités considérables de levures qui trouvent leur emploi dans la boulangerie, la pâtisserie, etc., et cette fabrication permet en même temps de recueillir de l'alcool et de l'acide carbonique qu'on liquéfie et qui lui aussi trouve son emploi. Les matières premières que l'on met en jeu sont principalement le maïs et le blé, c'est-à-dire l'amidon.

Dans ces réactions il est facile de se rendre compte de l'action désorganisante des champignons, qui, si simples qu'ils soient, désagrègent avec une surprenante rapidité les matières amylacées qui constituent la majeure partie des matériaux mis en présence.

L'homme tire un parti direct ou non de ces transformations, soit pour sa nourriture comme dans la fabrication du pain, soit tout autrement.

En médecine, les champignons n'ont qu'un emploi assez restreint: on fabrique, avec certains polypores, de l'amadou qui sert couramment à arrêter les petites hémorragies; le seigle ergoté ou ses dérivés jouissent toujours de la faveur des médecins. Quant au polypore du mélèze dont on employait la poudre pour combattre les sueurs des phtisiques, il paraît avoir perdu de son prestige.

Si les champignons ne nous sont pas d'un grand secours pour guérir nos maladies, ils sont souvent la cause d'affections graves, tant chez l'homme que chez les animaux: il nous suffira de citer les différentes teignes, l'actinomycose, le muguet dans l'espèce humaine; la muscardine, les cordyceps, etc., chez les insectes; nous mentionnerons aussi les levures pathogènes, les mucors, les aspergillus, etc.

Les végétaux, quels qu'ils soient, sont eux aussi, comme les animaux, exposés aux atteintes de ces cryptogames. Quand ils sont vivants, ils peuvent être attaqués par des espèces parasites qui abrègent plus ou moins la durée de leur existence; mais c'est surtout lorsqu'ils ont cessé de vivre, qu'ils deviennent fatalement la proie d'une multitude d'espèces qui les désorganisent plus ou moins rapidement.

Dans cette lutte incessante entre la matière organique et ces infiniment petits qui cherchent à la réduire en ses éléments, il s'établit malgré tout un certain équilibre, qui est dû d'une part à l'énergie productrice de la nature et ensuite à l'action désorganisante des champignons: on pourrait dire que celle-ci fait de la synthèse, alors que les autres procèdent par analyse.

Supposons par exemple que certains organismes viennent à disparaître ou simplement à diminuer sensiblement, les parasites qui vivaient à leur détriment disparaîtront également en partie ou en totalité, et alors d'autres espèces trouvant le champ libre, en profiteront pour s'accroître dans une proportion plus grande, mais alors surviendront d'autres parasites qui pulluleront en présence de matériaux à leur convenance, et qu'ils s'empresseront de détruire de façon à les ramener à des proportions plus en rapport avec l'harmonie de la nature.

Dans cette œuvre de destruction et de transformations, les bactéries, appelées improprement microbes, aident puissamment les champignons, et dans certains cas, elles semblent même les précéder ou accomplir seules cette disparition nécessaire. Nous avons vu que les champignons se trouvent partout et en nombre souvent très grand, sinon sous la forme végétative, tout au moins sous celle de spores, lesquelles n'attendent qu'une occasion favorable pour entrer en végétation.

Que l'on prenne la plus petite parcelle de poussière et l'on y trouvera des germes de ces micro-organismes: l'air lui-même en transporte à tout instant des myriades. Rien donc d'étonnant à ce que, à un moment donné, et sur une surface quelconque de notre globe, il ne se développe en nombre considérable tout ou partie de ces germes que les courants ont pu apporter; et comme le dit le docteur F. Plicque, dès qu'un malade devient très cachectique, l'oïdium de la bouche apparaît presque forcément, ses spores étant répandues partout.

Un caractère essentiel et spécial à tout champignon qui se développe, c'est le besoin impérieux de détruire; c'est, dans toute l'acception du mot, le *quærens quem devoret*: jamais d'arrêt, il mange continuellement, bien plus, il dévore: plus il consomme, plus il se développe, et plus il se développe, plus il consomme. C'est un travailleur infatigable qui jamais ne chôme.

Nous avons dit que les champignons sous de multiples aspects étaient répandus partout, mais ce n'est que sous la forme végétative qu'ils sont actifs. La spore, elle, ne peut rien si ce n'est le plus souvent se conserver intacte pendant très longtemps, et se tenir prête à germer, de même qu'un bourgeon peut, dans les plantes supérieures, rester à l'état latent pendant des années, si les circonstances ne lui permettent pas de se développer.

Dès que la spore germe, commence son rôle destructeur, elle émet un organe particulier, d'abord simple prolongement qui ne tarde pas, sous l'influence des éléments nutritifs qu'il s'assimile, à s'allonger considérablement, à se ramifier de mille façons et souvent aussi à se cloisonner.

D'abord d'une structure très simple, le mycélium issu de la spore peut prendre des aspects et des contextures fort différentes. Tantôt ce sont des filaments blancs ou de couleur pâle, libres et ramifiés à l'infini; tantôt les filaments primordiaux se réunissent sous la forme de lanières ou de cordons de teinte noirâtre, ou encore de nodules plus ou moins gros, auxquels on a donné le nom de sclérotes.

Le mycélium se développe souvent dans le sol où il trouve en abondance les éléments organiques et minéraux nécessaires à son existence; mais, pour certaines espèces, il envahit également les plantes ou les animaux, qu'ils soient vivants ou non. En un mot, il s'attaque à tous corps organisés ou simplement organiques.

Dans tout organisme contaminé, il se développe d'autant plus abondamment que les tissus attaqués lui fournissent en plus grande quantité les éléments qui lui sont nécessaires, et rapidement ils sont dissociés, désagrégés et réduits en leurs particules les plus simples, qui en tout ou partie se prêteront à de nouveaux groupements.

Nous avons tous les jours dans la nature des exemples de ces phénomènes en considérant les végétaux ou les débris d'origine animale qui subissent ce que nous appelons vulgairement la pourriture.

Pour prouver que leur destruction est bien due aux champignons, et aussi, comme nous l'avons dit plus haut, aux bactéries, il suffit de les soustraire à l'action directe de ces derniers, et alors ils se conservent indéfiniment. Pasteur a depuis longtemps démontré que les liquides les plus altérables, les corps les plus sujets à se putréfier, se conservent très bien, si on les prive des germes qu'ils contenaient par une température suffisamment élevée.

Par contre, si dans ces mêmes liquides on introduit à nouveau des germes provenant de l'air ou d'ailleurs, ils ne tardent pas à s'altérer.

Il existe de ces micro-organismes d'une simplicité telle, qu'ils sont réduits à une seule cellule: là, pas de mycélium proprement dit, mais seulement une spore, qui, si elle se trouve dans des conditions favorables, se multiplie avec une étonnante rapidité, comme nous l'avons vu pour les levures, mais toujours en décomposant les matériaux organiques avec lesquels elle se trouve en contact.

La nature étant sans cesse en voie de production animale ou végétale, la surface de la terre ne tarderait pas à être encombrée au point que tous les êtres créés finiraient par ne plus pouvoir y trouver place. Il y a bien un correctif à cette production sans cesse renaissante de corps organisés; puisque tout ce qui naît doit, après un certain laps de temps, cesser de vivre: mais il ne suffit pas qu'un organisme vienne à mourir pour qu'il cesse d'être encombrant; car lui mort, il ne s'en suit pas qu'il se résolve en ses éléments constitutifs, et s'il ne fallait compter que sur les agents atmosphériques pour hâter leur décomposition, et par suite leur disparition, il faudrait un temps fort long.

N'a-t-on pas trouvé au fond des lacs, des tissus, des baies, des fruits, etc., qui y séjournaient depuis des milliers d'années et qui étaient en parfait état de conservation: et ce chêne qui a été retiré presque entier du Rhône après un séjour fort long.

On sait fort bien maintenant que si les végétaux ou les débris animaux se détruisent avec une très grande rapidité, cela est dû pour une part importante à la présence des champignons, aidés évidemment par des conditions de chaleur et d'humidité, sans lesquelles dans bien des cas ils cesseraient d'être actifs.

Quelquefois ce rôle paraît dévolu à un petit nombre d'individus, voire même à un seul, bien visible à un moment donné: mais il est rare que seul il puisse mener à bien son œuvre; il travaille pour son compte, mais aussi il prépare le terrain pour d'autres qui parachèveront le travail déjà fort avancé.

Il nous souvient d'avoir visité une partie de la forêt de Compiègne toute peuplée de hêtres d'un âge respectable, et qui par suite se trouvaient moins résistants à l'envahissement des parasites. Le moindre accident mettait à nu l'une quelconque de leurs parties, par laquelle se glissait l'intrus, qui, une fois dans la place, ne tardait pas à s'infiltrer dans les tissus de ces géants, et à les dévorer, c'est le cas de dire tout vivants.

La présence du coupable se révélait à l'extérieur par les parties fructifères qui venaient s'y épanouir sous la forme de polypores. Il n'était pas rare de voir sur un seul arbre six à huit chapeaux de grande dimension. Un arbre ainsi infesté est un arbre condamné; son bois perd toute cohésion, le moindre coup de vent suffit à le renverser, et peu à peu il se désagrège sur place, pénétré qu'il est dans toutes ses parties par le mycélium du parasite.

Il est des bois, le chêne par exemple, qui offrent à l'envahissement des champignons une résistance plus grande, mais s'il faut plus de temps pour les détruire, le résultat n'en est pas moins le même.

S'agit-il d'un tissu animal, les choses ne se passent pas autrement, et si les parasites qui s'y implantent sont de nature différente, s'ils sont aidés par d'autres organismes au nombre desquels se trouvent les bactéries, ils arrivent au même but, à cela près cependant que leur action est plus rapide, car ces tissus étant ordinairement moins cohérents que ceux des végétaux, la pénétration y est beaucoup plus facile.

Les idées que nous venons d'exposer sont sans doute venues à l'esprit de nombreux naturalistes, mais nous ne croyons pas qu'ils y aient attaché toute l'importance qu'elles méritent.

Les frères Tulasne dont on connaît les admirables travaux sur les champignons, et qui s'en sont occupés aussi bien au point de vue philosophique que taxonomique, s'expriment ainsi:

«Dès qu'un végétal quelconque, herbe, fruit, arbre, voire même une minime partie de l'un d'eux cesse de vivre, il reçoit tout aussitôt comme hôtes des champignons dont les légions se succèdent les unes aux autres, croissent et multiplient d'autant plus abondamment, que cet organisme lui-même est détruit plus rapidement et consommé par la putréfaction, jusqu'à ce qu'il soit complètement épuisé et converti en humus d'où naîtra ensuite une végétation de plantes plus élevées en organisation.

«En cela les champignons sont aidés surtout par l'air, la pluie, la chaleur et d'autres éléments tant physiques que chimiques, sous l'influence desquels les corps organiques morts se désagrègent peu à peu et se détruisent.

«Pour ce qui regarde les champignons parasites dans les corps vivants des animaux ou des végétaux, ils remplissent la même fonction que pour les organismes morts, et ils le font avec une hâte plus grande.»

Puis, un peu plus loin:

«Quel que soit l'état de nos connaissances sur les fonctions des champignons dans l'économie de la nature, tout démontre que leur grand nombre est sensiblement égal en tous lieux, ainsi que leur utilité.»

Pas plus dans les passages que nous venons de citer, que dans les autres parties de leur *Carpologia*, les frères Tulasne ne nous semblent indiquer le rôle important et modérateur qu'ils jouent dans les productions de la nature, et cependant n'est-il pas clairement indiqué à nos yeux dans les cultures que l'homme entreprend?

Il est de notoriété que les maladies se déclarent de préférence dans les agglomérations, qu'elles soient animales ou végétales. Il semble qu'une force invincible pousse ces organismes infimes à réduire des collectivités trop nombreuses, en vertu de ce que l'on pourrait appeler la *loi de l'équilibre*.

Étant donné la diversité des corps organisés qui existent sur notre globe, et la nécessité qu'il y a de les voir se résoudre en leurs éléments, afin qu'ils puissent être remplacés par d'autres, on comprend que les champignons doivent être excessivement variés, non seulement de formes mais aussi d'exigences biologiques. En effet, s'il n'existait que quelques types ayant à peu près les mêmes besoins, bien des organismes pourraient échapper à leur action dissolvante, et leur disparition ne serait nullement assurée, ce qui est contraire aux lois de la nature.

Cette manière de voir se trouve confirmée par l'étude biologique des champignons: il n'est pas besoin d'être très versé en mycologie pour savoir combien ils offrent de diversité et combien sont variées leurs exigences. Telle espèce par exemple ne pourra accomplir sa période végétative que sur un sujet déterminé: Quelquefois même une partie seulement de son développement devra s'effectuer sur tel support, alors qu'il lui sera nécessaire de trouver un autre habitat pour achever le cycle normal de son évolution. On pourrait presque dire que chaque organisme végétal ou animal a son parasite.

Pour que ces végétaux puissent remplir leur rôle dans l'économie de la nature, il leur faut répondre à deux conditions: la première comporte la germination de la spore, qui donnera naissance au mycélium qui en est la partie importante: la deuxième condition à réaliser est que ce mycélium trouve dans son voisinage, les éléments nutritifs dont il a besoin pour se développer suffisamment et donner à son tour la spore.

Il arrive souvent que l'une de ces deux conditions, ou même toutes les deux, ne se trouvent pas remplies, et alors le champignon finirait par disparaître si la nature prévoyante n'avait accordé à ces végétaux de nombreux modes de propagation accessoires. En outre, en vertu d'une loi qui trouve aussi son application dans d'autres branches de l'histoire naturelle,

elle a multiplié les spores en raison de leur chance de destruction ou de non-germination.

Il n'est pas difficile en effet de constater que les champignons produisent des spores en quantités innombrables, mais combien peu arrivent à reproduire l'espèce! De plus, comme nous le disions plus haut, des organes accessoires tels que les conidies, les spermaties, etc., sont susceptibles eux aussi, dans certaines conditions, de propager le végétal.

Quant au mycélium proprement dit, il offre un des modes les plus simples de propagation, puisqu'il suffit d'une très faible partie de sa substance pour assurer la pérennité de l'espèce: de plus, il jouit le plus souvent de la propriété de se conserver longtemps, et d'attendre patiemment le moment propice pour s'accroître.

En tant que matériaux organiques, les champignons comme tous les autres végétaux qui existent sur notre globe, sont susceptibles de se nuire les uns aux autres, et ils ont eux aussi leurs parasites, qui les attaquent, les dissocient et les résolvent en leurs éléments.

Nous pensons pouvoir, par ce qui précède, conclure que les champignons et aussi les bactéries, qui, il n'y a pas bien longtemps encore, faisaient partie de la même classe, sont utiles, indispensables même à l'économie de la nature. Ce sont eux qui étant doués par essence de propriétés destructives, sont chargés de faire disparaître les agglomérations organiques devenues inutiles ou trop nombreuses. Ils s'attaquent aussi bien aux êtres vivants qu'à ceux qui sont morts, assurant en cela une juste proportionnalité entre toutes les productions qui existent sur notre globe.

CHAPITRE V

Distribution géographique des champignons.

On peut dire d'une façon générale que les champignons se trouvent sur toute la surface du globe; cela n'a rien d'étonnant, si l'on veut bien se rappeler que les champignons vivent aux dépens de la matière organique, mais il faut que cette matière organique, qui est nécessaire à leur développement, se trouve dans certaines conditions de chaleur et d'humidité; or, ces trois conditions peuvent se trouver réalisées partout, au moins à un moment donné.

Bien que l'on soit loin d'être fixé sur les richesses mycologiques du globe, on est porté à croire que les champignons, au moins les champignons supérieurs, sont plus abondants dans les pays dont le climat est tempéré et humide.

Fries, savant mycologue suédois du siècle dernier, admet deux zones pour la végétation fongique: l'une tempérée, où l'on trouve en grand nombre des espèces charnues, l'autre tropicale, qui serait la patrie des espèces ligneuses ou carbonacées. Comme indication générale, et pour une même région, les parties boisées et accidentées sont plus riches en champignons que les parties plates et découvertes; cela semble dériver de ce fait que les parties couvertes conservent mieux leur humidité. Il y aurait lieu également de tenir compte, pour les parties boisées, des essences d'arbres qui peuplent les forêts et de la quantité plus grande de matières organiques en décomposition qui s'y accumule continuellement.

Il résulte de ce qui précède que les mêmes conditions de *substratum*[2] pouvant exister dans des pays fort éloignés les uns des autres, on s'explique aisément que l'on puisse retrouver les mêmes espèces dans des régions fort distantes. Il est bon d'ajouter cependant que certains pays ont des espèces qui leur sont propres, et que l'on chercherait vainement ailleurs. Ainsi, l'Italie est la patrie du *Polypore tubérastre* et de certaines espèces de tubéracées.

Pour une même région, même très étendue, la flore mycologique ne varie pas sensiblement sur les différents points du territoire; en France, par exemple, on peut retrouver dans le Midi des espèces habituelles au Nord, lorsque, bien entendu, les conditions climatériques et de *substratum* se trouveront les mêmes; et, inversement, certaines espèces plus spéciales au Midi pourront remonter vers le Nord. C'est ainsi que l'*Oronge vraie* peut se trouver, en France, au nord de Paris, dans des endroits bien exposés au soleil.

Bien que l'on puisse trouver des champignons toute l'année, c'est surtout au printemps et à l'automne qu'ils se montrent en plus grande quantité. Il est des années où certaines espèces sont d'une abondance extraordinaire, qu'on ne peut récolter, ou à peine, les années suivantes. Ce que nous disons s'applique aussi bien aux champignons inférieurs qu'aux grandes espèces; il n'est pas rare, en effet, de voir nos plantes cultivées, la vigne, par exemple, les pommes de terre ou les céréales, envahies par des champignons qui compromettent plus ou moins la récolte, et qui laissent craindre pour l'année suivante une extension plus grande de la maladie; or, on constate généralement que non seulement il n'y a pas accroissement de la maladie, malgré le nombre incalculable de spores répandues partout, mais bien disparition presque complète du fléau. On est en droit de se demander si les conditions atmosphériques n'ont pas suffi à enrayer la contagion.

Nous pensons que l'altitude n'a pas une grande influence sur la localisation des espèces; il en est probablement des champignons comme des autres végétaux, l'altitude permet souvent aux plantes de trouver un milieu plus favorable à la végétation de certaines espèces et rien de plus. Ne voit-on pas des plantes réputées montagnardes vivre et prospérer presque au niveau de la mer lorsqu'elles y trouvent les conditions d'ambiance qui leur sont nécessaires; il y a tout lieu de croire qu'il en est de même pour les champignons.

CHAPITRE VI

Comment traiter les empoisonnements par les champignons?

Les estimations les plus scientifiques établies évaluent à plus de dix mille par an le nombre des personnes empoisonnées par les champignons. Évidemment, tous ces cas ne sont pas suivis de mort, pas plus que dans la bataille la plus meurtrière on ne voit succomber tous les blessés. Il n'en est pas moins vrai que beaucoup de victimes de ces intoxications fongiques sont gravement ou mortellement atteintes, et que les empoisonnements par les champignons peuvent être considérés comme un danger public, redoutable à l'égal d'une véritable épidémie que ramènerait chaque automne.

La ponctualité désespérante avec laquelle reparaissent tous les ans, dans les quotidiens, le récit d'intoxications de ce genre, est vraiment de nature à mettre en doute l'utilité des efforts de vulgarisation tentés pour répandre la connaissance des quelques espèces fongiques véritablement mortelles. La rubrique «empoisonnements par les champignons» n'est donc pas près de disparaître des faits-divers.

Devant la persistance de cet état de choses, il nous semble utile de donner des indications détaillées sur les symptômes de l'empoisonnement et le traitement rationnel qui, appliqué à temps, permettra de diminuer le nombre des victimes.

1° *Qu'est-ce qu'un champignon vénéneux?*

Le public confond sous cette appellation toutes les espèces nuisibles à un degré quelconque, ou même supposées nuisibles, *a priori* par leur aspect, leur odeur, leur lieu de récolte, etc. Or, en ne considérant même que les champignons dont la nocivité est prouvée, il y a des différences très marquées dans le pouvoir toxique des espèces. Nous pouvons, à ce point de vue, classer les champignons en trois catégories:

A.—**Tous** les empoisonnements suivis de mort sont produits par *trois ou quatre espèces, toujours les mêmes.* Au premier rang, l'**Amanita phalloides** qui produit à elle seule peut-être 95 % des cas mortels signalés en France; puis l'**Amanita citrina** et sa variété **mappa**, l'**Amanita verna**, les **Volvaria speciosa** et **gloiocephala**. Ce n'est pas que ces quatre dernières soient des poisons moins actifs que l'**Amanita phalloides**; mais elles sont moins souvent en cause, soit parce que leur odeur désagréable empêche de les consommer (comme c'est le cas pour l'*Amanita citrina* et l'*A. verna*), soit parce qu'elles sont moins répandues (*A. verna*, *Volvaires*). Toutes les espèces dont nous venons de parler peuvent être qualifiées de **Champignons** mortels.

B.—D'autres espèces, également très communes, sont capables de provoquer, chez ceux qui les ont consommées, des accidents à la vérité *très graves, mais non mortels*. Il y a des troubles gastro-intestinaux, avec vomissements répétés et diarrhée, accompagnés de troubles de l'intelligence (délire gai ou furieux); mais les symptômes s'amendent promptement, et la guérison survient en trois ou quatre jours. C'est le cas pour la *Fausse-Oronge* (**Amanita muscaria**) et la *Fausse-Golmotte* (**Amanita pantherina**). Nous qualifierons ces deux espèces de **Champignons dangereux**.

C.—Enfin certains autres champignons ne provoquent, chez les personnes qui les ont ingérés, que des troubles analogues à ceux d'une violente indigestion (angoisse, sueurs froides, nausées, vomissements et diarrhée). Tels sont l'**Entoloma lividum**, diverses **Russules**, etc., et même, pour certaines personnes sensibles, des espèces que beaucoup de gens à l'estomac plus robuste consomment impunément. La guérison de ces accidents—qui se traitent comme une banale indigestion—est complète au bout de vingt-quatre heures. Il ne saurait vraiment être ici question d'empoisonnement. Aussi appellerons-nous les espèces qui produisent ces accidents **Champignons suspects**.

2° *Quelle est la nature du poison?*

Nous n'aurons donc à nous occuper que des empoisonnements produits par les *champignons mortels* (A) et les *champignons dangereux* (B). La séparation bien tranchée qui existe entre les deux catégories tient à ce que, *de part et d'autre, la nature du poison contenu dans les champignons n'est pas la même.*

A.—Dans les champignons mortels (*Amanita phalloides, citrina, verna, Volvaires*), il existe une substance à laquelle le toxicologue allemand Kobert, qui la découvrit dans l'*Amanita phalloides* (1890), donna le nom de **phalline**. Ce principe actif est soluble dans l'eau, et n'est pas détruit par l'ébullition; il n'a rien de commun avec les albuminoïdes, car il ne précipite pas les réactifs de ces substances. Il semble que l'on puisse le comparer à certaines toxines microbiennes.

La phalline possède la redoutable propriété de dissoudre les globules du sang, c'est-à-dire de détruire les petits corpuscules arrondis qui renferment la matière rouge (*hémoglobine*) de ce liquide. Au moment où le sang circule dans le poumon, l'oxygène de l'air se fixe sur les globules vivants, et est ainsi transporté dans tout l'organisme; si les globules sont détruits, cette fixation et ce transport ne peuvent plus avoir lieu, et la mort s'ensuit. Si l'on considère qu'il ne faut pas plus de *7 à 8 milligrammes de phalline par litre* de sang pour en détruire tous les globules, on comprendra que les quelques centigrammes de poison contenus dans *un seul exemplaire* d'**Amanita phalloides** suffisent à abolir en quelques heures toutes les propriétés vitales du sang d'un être humain.

B.—Dans les champignons dangereux (*Amanita muscaria*) existe au contraire un alcaloïde cristallisable, nommé **muscarine** par Schmiedebert et Koppe qui l'isolèrent en 1870 de l'*Am. muscaria.* Ce corps agit sur le cœur et le tube digestif, mais n'a aucune action sur les globules du sang; il s'élimine assez rapidement par les urines et par l'intestin, et paraît n'être jamais ingéré en quantité assez massive, dans les champignons, pour produire des lésions irrémédiables.

3° *Quelle est la nature des symptômes?*

A ces deux sortes de poisons, phalline et muscarine, correspondent deux catégories différentes de symptômes, qui forment *deux ensembles de phénomènes bien distincts.* On peut donc immédiatement, à la seule inspection du malade, et en interrogeant l'entourage, reconnaître à quelle catégorie de champignons est dû l'empoisonnement.

A.—Avec les champignons à **phalline** ou champignons mortels (*A. phalloides*, *citrina*, *verna*, *Volvaires*), les premiers symptômes apparaissent tardivement, c'est-à-dire dix ou douze heures après le repas fatal; il y a des éblouissements, de l'anxiété, auxquels succèdent des crampes et des brûlures d'estomac, avec sensation d'étranglement et de soif ardente. Bientôt surviennent des sueurs froides, des vomissements violents, puis une diarrhée extrêmement fétide parfois mêlée de sang. La région de l'estomac est tellement sensible qu'on ne peut la toucher sans faire pousser des cris au patient. Le foie est volumineux et dur, le bas-ventre est protégé par les cuisses repliées; les urines sont supprimées ou parfois rares et d'un brun acajou; le teint est celui d'un malade atteint de jaunisse.

Au bout de quelques heures le patient paraît soulagé, et s'assoupit pendant une heure ou deux. Mais une crise plus violente le réveille, pour être de nouveau suivie d'accalmie; il y a ainsi plusieurs alternatives de rémission et de douleurs. L'état général va s'aggravant; bientôt on observe des troubles des mouvements, de la paralysie, des syncopes, un affaiblissement graduel du pouls. Finalement le malade s'éteint par arrêt du cœur.

B.—Avec les champignons à **muscarine** ou champignons dangereux (*Am. muscaria*, *pantherina*), rien de pareil. Les symptômes débutent de très bonne heure (une heure à quatre heures *au plus* après le repas de champignons) et rappellent ceux de l'intoxication alcoolique; il y a d'abord du délire gai ou furieux, des douleurs stomacales vives, avec vomissements et diarrhée. Dès lors, le poison est éliminé; le malade s'endort d'un pesant sommeil, au sortir duquel il n'a plus conservé des événements précédents qu'un souvenir confus.

Le tableau ci-dessous permettra de saisir d'un coup d'œil la différence entre les symptômes des deux empoisonnements:

A.—Empoisonnement phalloïdien.

(*Champignons mortels.*)

Symptômes tout particuliers.

Début après *dix-douze heures*,—silencieux.

Éblouissements, vertiges, *intelligence conservée.*

Vomissements et diarrhée *tardifs.*

Foie gros et *très douloureux au toucher.*

Urines *rares* et *fortement colorées.*

Alternatives de mieux et d'aggravation pendant plusieurs jours.

Affaiblissement graduel et mort.

B.—Empoisonnement muscarinien.

(*Champignons dangereux.*)

Symptômes rappelant ceux de l'intoxication alcoolique.

Début après *une à quatre heures*,—bruyant.

Délire gai ou furieux.

Vomissements *précoces* et répétés. Diarrhée.

Foie normal, non douloureux.

Urines *supprimées.*

Pas de rechutes, amélioration rapide et progressive.

Guérison en deux ou trois jours.

4° *Quels sont les remèdes à employer?*

Dans un cas donné, la comparaison des symptômes observés avec ceux que nous venons de décrire permettra immédiatement aux personnes les moins exercées de reconnaître à quel genre d'empoisonnement elles ont affaire, de prévoir l'issue du mal, et, par suite, d'agir en conséquence.

On conçoit qu'en présence des premiers signes d'une intoxication, et surtout d'une intoxication phalloïdienne, il n'y ait pas de temps à perdre, et que la vie du malade puisse dépendre d'un traitement *rationnel et promptement mis en œuvre*. Voici donc ce qu'il faudra faire:

1° Les **vomitifs** préconisés par nombre d'auteurs sont **inutiles** et même **nuisibles**. Ils sont *inutiles*, parce que dans le cas d'un empoisonnement muscarinien les vomissements naturels qui se produisent dès le début ont assuré le nettoyage de l'estomac; d'autre part, s'il s'agit d'un empoisonnement phalloïdien, le temps écoulé (huit à dix heures) depuis le repas fatal indique que ce repas a depuis longtemps pénétré dans l'intestin.

Les vomitifs sont *nuisibles*, parce qu'ils ne servent qu'à irriter davantage l'estomac, à augmenter les douleurs et à fatiguer le malade. Mieux vaudrait encore faire le lavage de l'estomac à l'aide du tube de Faucher.

2° Les **purgatifs** sont au contraire **toujours indispensables à employer**, car l'intestin renferme constamment tout ou partie du poison. On donnera la préférence aux purgatifs salins, qui produisent une exsudation de liquide dans l'intestin grêle, venant ainsi suppléer à l'élimination du poison qui se fait mal par les urines rares ou nulles.

Comme purgatif, on donnera pour un adulte:

Sulfate de soude, ou *sulfate de Magnésie*, 40 à 50 grammes dans un grand verre d'eau; une heure après, administrer un grand bol de bouillon aux herbes. (Si l'on veut, on peut remplacer le sulfate de soude ou de magnésie par un grand verre d'une *eau minérale purgative*).

Si les douleurs intestinales sont très vives, il sera préférable, au lieu de recourir aux purgatifs ci-dessus, d'administrer de l'*huile de ricin* (dose 30 grammes pour un adulte). On donnera en même temps des lavements huileux, additionnés d'*une vingtaine de gouttes* de laudanum de Sydenham. Enfin, on couvrira le ventre d'un large cataplasme arrosé de laudanum.

Il sera nécessaire de faire uriner le malade le plus possible, pour faciliter l'entraînement du poison au dehors. On y parviendra en faisant boire au malade du *lait* en abondance, des *tisanes* (chiendent, bourrache) additionnés par litre de 2 grammes de nitrate de potasse (salpêtre), ou de même quantité de sulfate de potasse, d'acétate de potasse ou de bicarbonate de soude. Tous ces soins peuvent être donnés même en l'absence du médecin.

S'il s'agit d'un empoisonnement phalloïdien, avec symptômes graves, il est tout indiqué de laver le sang du malade, en lui injectant dans les veines une solution physiologique stérilisée de chlorure de sodium (8 grammes par litre). Bien entendu, *cette opération est exclusivement du ressort du médecin traitant*, et il doit être laissé juge de son opportunité.

Il en est de même du traitement des symptômes. Le malade a-t-il du délire (délire muscarinien?)

On lui administre des *calmants* (bromure de potassium, de sodium ou d'ammonium, un gramme d'heure en heure, jusqu'à effet sédatif). Y a-t-il au contraire abattement (empoisonnement phalloïdien)?

Il est nécessaire de donner des *stimulants* (sirop d'éther par cuillerées à café, ou éther vingt gouttes dans de l'eau sucrée, ces doses étant répétées toutes les dix minutes; ou encore, acétate d'ammoniaque, 5 grammes dans une potion de 100 grammes, à prendre par cuillerées à soupe toutes les heures).

Contre les vomissements trop prolongés, on fera sucer au malade de petits morceaux de glace, ou bien on lui fera boire de l'eau de Seltz, ou une potion antivomitive (eau chloroformée 50 grammes, eau 50 grammes, chlorhydrate de cocaïne 5 à 10 centigrammes; une cuillerée à café toutes les demi-heures jusqu'à cessation des vomissements).

Si le pouls s'affaiblit, il sera utile de le soutenir par des piqûres de caféine *ou de* sulfate de spartéine.

S'il ne s'agit que d'un empoisonnement muscarinien, le traitement se réduit à sa plus simple expression (purgatifs, calmants). Mais si l'on a affaire à la phalline, tous les soins énumérés ci-dessus n'auront chance d'être couronnés de succès que s'ils sont appliqués *avec persévérance et discernement*, chez un malade traité *dès le début des accidents* et n'ayant pas ingéré une dose par trop considérable du terrible poison.

Résumé du traitement.—Purgatifs, lavements diurétiques; lavage du sang en cas d'empoisonnement phalloïdien.

Traiter les symptômes (coliques, délire, abattement); surveiller attentivement le fonctionnement du cœur.

Fernand GUEGUEN,

Docteur ès sciences,
Professeur agrégé à l'École supérieure
de Pharmacie de Paris.

CHAPITRE VII

Des champignons au point de vue alimentaire. Vente des champignons.

La principale utilité des champignons consiste dans leur emploi comme aliment. De tout temps l'homme a récolté les champignons pour les manger. Ainsi l'histoire nous apprend que les Athéniens étaient très friands de champignons; les Romains qui étaient de gros mangeurs appréciaient également ces cryptogames. Si nous en croyons les écrivains latins, ils en étaient arrivés à payer au poids de l'or et à préparer eux-mêmes les champignons qu'ils devaient consommer. L'Oronge vraie surtout avait une réputation exceptionnelle; c'était le mets des dieux, *Deorum cibus*. A notre époque, s'il n'y a plus ce désir de payer des prix fous pour les champignons, cela tient surtout à ce que la consommation s'en est généralisée; au lieu de s'attacher à quelques espèces qui pouvaient en cas de rareté acquérir un prix élevé, on consomme plus d'espèces que par le passé. De plus, on cultive en grande quantité le Champignon de couche, ce qui permet à tout le monde de se procurer, à des prix modérés, un aliment sain et agréable.

En raison de cette disposition de l'homme à consommer les champignons, on a été amené à se demander si ceux-ci avaient une valeur alimentaire: à ce sujet, les opinions sont très partagées. Pour certains, les champignons ont une grande valeur nutritive; pour d'autres, au contraire, c'est un assaisonnement, un condiment, et rien de plus, sans valeur nutritive. Ceux qui prétendent que les champignons sont très nourrissants, invoquent à l'appui de leur opinion que, dans certaines régions, les champignons forment la base de la nourriture des ouvriers de la campagne. Les Russes, les Polonais, les Allemands feraient à l'automne de grandes provisions de champignons qui leur tiendraient lieu de viande pendant l'hiver.

On cite un montagnard de la Thuringe, qui serait mort à cent ans, après s'être nourri pendant près de trente ans exclusivement de champignons.

Letellier, mycologue et chimiste éminent, s'est nourri pendant quelque temps seulement avec des champignons; il en mangeait 300 grammes par jour.

Persoon, dans son *Traité sur les champignons*, cite l'exemple d'un professeur de Botanique de Leipzig, qui dans un voyage botanique aux environs de Nuremberg, vécut pendant plusieurs semaines, à l'exemple des paysans de la région, de pain noir assaisonné d'anis ou de carvi, et de champignons crus. Loin d'en éprouver une influence nuisible à ma santé, dit-il, je sentis au contraire mes forces accrues pour mes courses.

Plus récemment, un chimiste russe, le professeur *Socoloff*, dans une analyse de champignons comestibles, faite en 1873, dit que l'emploi des champignons est très répandu dans son pays, au point qu'ils constituent l'un des principaux et des plus constants éléments de la nourriture désignée sous le nom de *maigre*, d'autant plus que les carêmes à leur tour y occupent une partie assez considérable de l'année. Ses analyses ont porté sur des champignons à l'état sec, salé et mariné; la saumure et le marinage diminuent la faculté nutritive des champignons lesquels, sous ce rapport, occupent—toujours d'après Socoloff—une place intermédiaire entre les substances alimentaires végétales et animales.

D'aucuns prétendent que les champignons crus sont préférables aux champignons cuits; ils auraient une saveur plus agréable et seraient de digestion plus facile; d'autres prétendent qu'il faut leur faire subir une cuisson prolongée. Nous pensons qu'il ne faut pas être trop affirmatif: que certains champignons crus soient agréables, nous n'en disconvenons pas, mais nous pensons qu'à moins de s'y habituer, il vaut encore mieux les faire cuire.

Tous les champignons ne demandent pas le même degré de cuisson; il y a, pour chacun, un juste milieu à saisir qu'on ne peut indiquer avec précision. Notre expérience nous a permis de remarquer que les champignons trop cuits perdent de leur parfum et deviennent plutôt coriaces.

Quoi qu'il en soit, la consommation des champignons dans certains pays est considérable, et si dans les campagnes on les consomme en vue de leur qualité nutritive, il n'en est pas de même dans les grandes villes où l'on recherche surtout leurs qualités gustatives.

On a reproché aux champignons d'être indigestes; cela peut être vrai dans certains cas, mais ne peut-on pas faire le même reproche à certains aliments, tels que les choux, les haricots, etc.!

Lorsqu'on mange en quantité raisonnable des champignons récoltés en bon état, et bien préparés, il est rare qu'on en éprouve des désagréments, à moins cependant que le sujet soit réfractaire à cet aliment. Ne voyons-nous pas journellement des personnes qui ne peuvent supporter certaines nourritures: à celles-là nous conseillerons de s'abstenir.

La consommation des champignons comporte un danger, celui de s'empoisonner. En effet, si beaucoup de champignons sont inoffensifs, il y en a un certain nombre que l'on ne peut manger impunément.

On a cherché les moyens de distinguer un bon d'un mauvais champignon: malheureusement les caractères sur lesquels on s'appuie pour faire cette prétendue distinction n'ont aucune valeur.

Il n'est pas vrai que les champignons attaqués par les limaces ou mangés par d'autres animaux soient sans danger; il n'est pas vrai qu'une espèce verte ou violette soit à rejeter, parce que cette coloration est moins fréquente. Un autre préjugé surtout, enraciné dans les campagnes, est que pour reconnaître si un champignon est comestible, il suffit de mettre une pièce d'argent dans le vase où on le fait cuire: si la pièce noircit, le champignon est vénéneux, si au contraire elle ne change pas de couleur, il est inoffensif. Cette croyance, qui a causé de nombreux accidents, ne repose sur rien de sérieux, car le noircissement de la pièce d'argent est dû à du soufre qui peut, à certain moment, se trouver dans les champignons qu'ils soient bons ou mauvais (Voir chapitre VI). Nous pourrions citer d'autres caractères soi-disant propres à faire cette distinction, mais ils n'ont pas davantage de valeur. En résumé, on ne saurait trop le répéter, il n'existe aucun caractère général permettant à première vue de distinguer un bon champignon d'un mauvais: le seul et l'unique moyen est d'apprendre à les connaître.

On a bien, il est vrai, indiqué des procédés pour rendre inoffensifs les champignons les plus vénéneux, comme par exemple de les faire bouillir dans de l'eau, et de rejeter cette eau avant de les apprêter, ou encore de les faire macérer pendant un certain temps dans de l'eau salée: mais, ainsi traités, les champignons perdent toutes les qualités qui les font rechercher et n'offrent plus qu'un aliment insipide.

Frédéric Gérard, auteur d'une Flore médicale, a fait à ce sujet des expériences qui offrent un grand intérêt et qu'il n'est pas inutile de rapporter.

«En 1850, dit-il, je récoltai plusieurs Amanites bulbeuses (voir planche 2), je les fis macérer dans plusieurs liquides, les uns dans de l'eau pure, d'autres dans de l'eau vinaigrée, d'autres dans de l'eau salée. Je prolongeai la macération pendant douze heures, je les lavai à grande eau et je les apprêtai. J'en mangeai environ 40 ou 50 grammes de chaque et je ne fus pas incommodé. N'ayant éprouvé aucun malaise, je doublai la dose, toujours avec le même résultat. Je dois dire qu'après cette préparation, ces champignons dont l'odeur est d'abord fade et repoussante, prennent l'odeur et le goût des champignons comestibles. Je diminuai alors progressivement la durée de macération et dès que le champignon avait perdu son odeur nauséeuse, je le regardai comme inoffensif.

«L'automne arriva et deux empoisonnements successifs vinrent jeter l'effroi dans Paris. Je résolus dès lors de répéter mes expériences sur toutes les espèces vénéneuses indistinctement. Dans l'espace d'un mois il entra chez moi plus de 150 livres de champignons vénéneux de toute espèce. Pendant huit jours je m'astreignis à manger deux fois par jour, malgré la répugnance que me causait cette uniformité de nourriture, de 250 à 300 grammes de champignons cuits. N'en ayant ressenti aucune incommodité, je ne m'en tins pas là, et j'admis tous les membres de ma famille, qui est de douze personnes, à partager mes expériences. Je ne procédais qu'avec lenteur, et après avoir essayé sur un, j'en prenais un deuxième. Je continuai jusqu'à ce que je fusse convaincu que, malgré la différence des âges et des tempéraments, personne n'était incommodé. L'épreuve était décisive; il ne s'agissait plus de quelques grammes de champignons, ou d'essais sur des animaux: une famille de douze personnes en avait mangé jusqu'à ce que la satiété eût amené la répugnance.»

Les expériences de Gérard présentent évidemment un grand intérêt, puisqu'elles ont été faites avec toute la précision scientifique désirable, et qu'elles expliquent comment, dans certaines régions, les habitants peuvent consommer indifféremment les espèces les plus dangereuses. Mais nous croyons qu'une telle pratique n'est pas à recommander, puisqu'elle pourrait, par suite de négligence, provoquer des accidents redoutables, et que de plus elle dénature complètement un aliment dont l'une des propriétés consiste surtout dans la saveur.

Nous sommes heureux de donner à nos lecteurs la primeur d'un article sur la **Valeur alimentaire des Champignons**, écrit par M. le **Dr Guéguen**, *professeur agrégé à l'École supérieure de Pharmacie de Paris.*

La plupart des opinions favorables ou contraires à l'emploi alimentaire des Champignons sont basées sur les résultats d'analyses anciennes, dont certaines remontent à Braconnot (1811) ou à Vauquelin (1813); ces analyses indiquent bien la nature des substances que l'on savait isoler et caractériser à cette époque, mais n'en précisent pas les proportions. Les travaux importants publiés dans ces dernières années sur la chimie des Champignons vont nous permettre de raisonner sur des données plus exactes.

Nous examinerons la composition des Champignons considérée uniquement au point de vue alimentaire, c'est-à-dire sans nous occuper des principes dépourvus de qualités nutritives, ou qui s'y trouvent en trop minime proportion pour influer sur leurs propriétés alibiles. Comparant nos moyennes à celles que donnent les analyses de viande et de pain, nous pourrons conclure en toute connaissance de cause. Nous rappellerons tout d'abord que, comme tous les êtres vivants, les Champignons renferment de l'eau, des sels, des matières ternaires (composées de *trois* éléments, carbone, hydrogène et oxygène) et des albuminoïdes (contenant, en plus, de l'azote, du soufre, etc.).

Teneur en eau.—La matière peu résistante qui forme les Champignons charnus est formée de cellules à parois minces, gorgées de sucs, et lâchement unies entre elles; par le fait même de cette structure spongieuse, les tissus fungiques contiennent de l'eau interposée, dont la quantité doit varier non seulement suivant la nature du Champignon, mais encore selon l'état de sécheresse ou d'humidité de l'atmosphère et du terrain. Il est donc à prévoir que les Champignons contiennent une forte proportion d'eau. Voici les quantités dosées par Von Lœsecke et par Margewicz (1885 et 1887) dans un kilogramme de quelques Champignons frais:

Lepiota procera 840gr

Clitopilus prunulus 900

Marasmius Oreades 920

Divers Bolets 880 à 920gr

La proportion est un peu plus grande dans le pied que dans le chapeau; les exemples suivants le montrent:

Lactarius deliciosus chapeau 900gr, pied 901gr

Boletus edulis — 861 — 870

Cette légère différence peut d'ailleurs varier, dans une même espèce et dans un même individu, suivant l'âge, le terrain, le temps humide ou sec, etc. Les Champignons contenant en moyenne neuf dixièmes d'eau, il n'est pas étonnant de les voir se réduire beaucoup par la cuisson; cette perte de poids est toutefois beaucoup moindre que celle qu'ils subissent pendant la dessiccation à l'étuve qui a permis d'obtenir les chiffres ci-dessus.

Teneur en matières minérales.—La proportion des matières minérales est indiquée par celle des cendres que fournissent les Champignons. Voici quelques chiffres rapportés également à un kilogramme de substance fraîche:

Lepiota procera 7gr

Clitopilus prunulus 15

Marasmius Oreades 10

Psalliota campestris 5

Divers Bolets 6

D'où une moyenne de 8 grammes de cendres, formées surtout de potasse (près de la moitié) et d'acide phosphorique (de 15 à 40 %); on y retrouve aussi les composants ordinaires des cendres végétales et animales (soude, chaux, magnésie, acide sulfurique, silice, chlore).

Teneur en matières ternaires.—Ces matières, composées de carbone, d'hydrogène et d'oxygène, existent à la fois *a*) dans les membranes, qui en paraissent presque exclusivement formées, *b*) dans le contenu des cellules, qui renferme en dissolution un certain nombre d'entre elles (sucres, mannite, etc.).

a) La *membrane* se compose surtout d'une cellulose particulière que l'on nomme fungine (Braconnot), métacellulose (Frémy) ou fungocellulose (Boudier). Elle est très résistante aux réactifs, et notamment reste inattaquée par la liqueur de Schweitzer (solution ammoniacale d'oxyde de cuivre) qui dissout la cellulose ordinaire. Par des traitements à l'autoclave en présence d'acides minéraux étendus, on parvient cependant à la transformer partiellement en divers sucres (dextrose, mannose, etc.). Il est hors de doute qu'une pareille transformation n'a pas lieu dans l'estomac, et que cette cellulose traverse à peu près inattaquée le tube digestif.

Margewicz a dosé la fungocellulose dans quelques espèces. Voici des chiffres approximatifs, rapportés à un kilogramme de Champignons frais:

Lactaires	chapeau 27^{gr},	pied 35^{gr}
Chanterelles	— 40	— 38
Bolets: chair des tubes, 20^{gr}	— 32	— 35

Ces chiffres montrent: 1° que la proportion de fungocellulose est d'environ 3 % du Champignon frais; 2° qu'elle est moindre dans le chapeau que dans le pied; 3° qu'elle est plus faible dans les tubes des Bolets que dans la chair même du chapeau. Ces résultats étaient à prévoir, car la consistance est plus grande dans le pied que dans le pileus, et dans celui-ci que dans les tubes.

Dans les Bolets, il existe aussi deux substances mucilagineuses que l'on peut, ainsi que l'a indiqué Boudier (1866), enlever en traitant les Champignons par l'eau bouillante, et en mêlant de l'alcool pur au liquide: la première substance, nommée *viscosine* (du latin *viscum*, glu) se précipite alors en flocons. Si l'on filtre le liquide surnageant, qu'on le concentre en sirop et qu'on y ajoute de l'alcool très concentré, on en retire l'autre substance nommée *mycétide* (du grec *mukés*, champignon). La viscosine et la mycétide communiquent à la chair des Bolets cette consistance mucilagineuse à la cuisson qui la rend indigeste, et oblige certaines personnes à s'en abstenir.

b) Les hydrates de carbone solubles et digestibles que renferment les Champignons sont principalement les suivants:

Le *glycogène*, voisin de l'amidon, mais se colorant en brun acajou (et non en bleu comme l'amidon) par l'eau iodée. Il existe dans presque tous les Champignons à l'état jeune. D'abord localisé dans le pied, il en disparaît avec l'âge, à mesure qu'il est utilisé dans le développement de l'appareil sporifère.

Diverses matières sucrées, dont Bourquelot (1893-1896) a indiqué la présence et déterminé les proportions dans plus de deux cents espèces. Au premier rang est le *tréhalose*, sucre dont certains Champignons renferment une forte quantité[3].

Voici quelques moyennes par kilogramme de Champignons jeunes et frais:

Amanites et *Clitocybe*	20 à 50gr
Marasmius Oreades	35gr
Bolets	20 à 70gr

Le tréhalose disparaît peu à peu pendant la maturation et la dessiccation à basse température. Comme le glycogène, il se localise surtout dans le pied *à l'état jeune.*

Le *glucose* n'existe qu'en très petites quantités dans les Champignons (ordinairement moins d'un gramme par kilo), et n'apparaît guère qu'à la fin de la végétation.

La *mannite* (alcool polyvalent) existe dans presque tous les Champignons adultes, où elle remplace peu à peu le tréhalose. Parfois, même quand le Champignon est jeune, on l'y trouve seule; d'autres fois elle y est associée au tréhalose. Comme les autres matières de réserve, elle se localise d'abord dans le pied. Voici en quelles proportions approximatives elle existe dans un kilogramme de quelques Agaricinées:

Lactaires et Champignons de couche	6gr
Lépiotes	8
Russules	15 à 18gr

Teneur en lécithines.—Les lécithines, sorte de matières grasses phosphorées qui sont très abondantes dans la matière cérébrale, les œufs, la laitance des Poissons, et communiquent à ces aliments leurs puissantes qualités reconstituantes, existent aussi dans les Champignons; on peut supposer qu'elles contribuent pour une part à leurs propriétés nutritives. Les Champignons frais en renferment de 20 centigrammes à 1gr 50 par kilogramme.

Teneur en albuminoïdes.—Ces corps azotés ont une constitution analogue à celle du blanc d'œuf, de la fibrine, de la chair musculaire, etc. C'est par les albuminoïdes qu'ils contiennent que les Champignons offrent quelque analogie avec la chair des animaux, et ont paru mériter le qualificatif de «viande végétale» qui leur a parfois été donné. Voici, d'après Von Lœsecke,

Kohlrausch et Siegel, Mörner, quelques chiffres exprimant la teneur en albuminoïdes d'un kilogramme de divers Champignons frais:

Marasmius Oreades		35gr
Lactaires	pied 35gr, chapeau	38
Psalliota campestris		20
Bolets	pied 32gr, chapeau	40gr tubes 45gr

La proportion moyenne est donc de 35 grammes par kilogramme; le chapeau en contient plus que le pied, et les tubes des Bolets plus que la chair. Il y a, ici encore, une sorte d'attraction des substances nutritives vers le chapeau et les appareils sporifères.

Mais tous ces albuminoïdes ne sont pas également assimilables. Lors des traitements énergiques que l'on fait subir aux Champignons pour en isoler les matières cellulosiques, on remarque qu'il reste toujours une certaine quantité d'azote adhérent à la membrane, et qui par conséquent ne doit pas entrer en ligne de compte dans l'appréciation de la quantité d'albuminoïdes assimilable par l'organisme. C'est pourquoi Mörner (1886) s'est préoccupé de déterminer, par des digestions artificielles pratiquées sur la substance du Champignon, les proportions d'albuminoïdes réellement attaquables par les sucs digestifs. Il a opéré de la manière suivante: les Champignons secs étant pulvérisés, on y dose l'azote total; puis on traite une certaine quantité de poudre par l'eau bouillante, et l'on soumet successivement la pâte ainsi obtenue à l'action du suc gastrique et du suc pancréatique, l'azote y étant de nouveau dosé après chacune de ces digestions.

Ces divers traitements (cuisson et action successive des sucs digestifs) ont pour but de mettre les Champignons dans des conditions se rapprochant le plus possible de celles qui précèdent et accompagnent leur ingestion. Voici les proportions d'albuminoïdes, digestibles ou non, dosées par cette méthode dans un kilogramme de quelques espèces comestibles:

		Albuminoïdes Totaux.		Digestibles.		Non digestibles.
		—		—		—
Champignons de couche (sans les lames)	Chapeau	29gr	=	7gr	+	22gr
	Pied	24	=	6	+	18
	Chapeau	17	=	4	+	13

Cèpes (sans les tubes)	Pied	15	=	4	+	11
Morille		25	=	12	+	13

On peut conclure des recherches de Mörner que les Champignons renferment par kilogramme environ 13 à 15 grammes d'albuminoïdes digestibles, la proportion de ces matières utiles étant plus considérable dans le chapeau que dans le pied. Il est à supposer que ces chiffres eussent encore été plus élevés, si Mörner n'avait, avant ses analyses, enlevé les parties hyménifères (lames des Agarics, tubes des Bolets). Cet auteur a constaté, en outre, que la digestion des albuminoïdes s'effectuait ici presque exclusivement sous l'influence du suc gastrique, le suc pancréatique n'intervenant que pour une part très restreinte.

De tout ce qui précède, on doit retenir que le pied des Champignons *adultes* est constamment dépourvu de matières nutritives; il est, en fait, peu sapide et plutôt indigeste. On fera donc bien de ne pas le consommer, sauf dans les spécimens très jeunes, où il renferme des matériaux de réserve, et où sa consistance n'est pas encore trop coriace. Les feuillets et les tubes, au contraire, sont particulièrement tendres et nutritifs; il est donc préférable de ne pas les enlever, toutes les fois qu'ils ne sont pas souillés de terre ou de sable.

Conclusions.

Maintenant que nous connaissons la composition moyenne des Champignons comestibles, nous pouvons la comparer avec celle de quelques aliments usuels, tels que la viande de bœuf et le pain de froment. C'est ce que permettra de faire le tableau suivant:

	CHAMPIGNONS FRAIS	PAIN (d'après Villiers et Collin)	VIANDE DE BŒUF (d'ap. Lehmann)
	—	—	—
Eau	900	300 à 400	800
Matières minérales	8	5 à 7	30

Membranes	30 (Fungocellulose)	2 à 4 (cellulose)	150 à 170 (Tendons, vaisseaux, gaines musculaires).
Hydrates de carbone	38 (Tréhalose) 9 Mannite	500 à 600 9 (mat. amylacées)	15 à 25 (graisse)
Albuminoïdes digestibles	15	75	20 à 30

Les Champignons constituent donc *un aliment complet.* Rien d'étonnant à ce que l'on ait pu, comme l'ont fait Schwaegrichen et d'autres auteurs, s'en nourrir exclusivement pendant plusieurs semaines. Leur teneur en matières alibiles est, à l'état frais, moindre évidemment que celle du pain et de la viande; mais il faut remarquer qu'ils perdent, par la cuisson, plus d'eau que cette dernière, ce qui fait qu'une fois apprêtés ils se sont enrichis en principes utiles. On peut d'ailleurs en consommer une quantité plus considérable, ce qui rétablit l'équilibre en leur faveur. Les matières sucrées, qu'ils renferment en proportion qui est loin d'être négligeable, constituent comme on le sait une source d'énergie calorifique de premier ordre.

Les Champignons sont infiniment plus nutritifs que la plupart des légumes auprès desquels leur origine végétale les fait classer par les hygiénistes. Loin de les considérer seulement comme des condiments agréables, il faut les regarder, dans les régions où ils croissent en quantités considérables, comme un aliment de première utilité. C'est avec raison que les amateurs les tiennent pour des mets délicats, dont l'usage, même répété, n'offre pas pour l'organisme les inconvénients de certaines nourritures productrices de toxines, comme le sont en particulier les gibiers et les viandes conservées.

Fernand GUEGUEN,

Docteur ès sciences,
Professeur agrégé à l'École supérieure
de Pharmacie de Paris.

Vente des champignons.

Bien des personnes n'ont pas le loisir d'aller elles-mêmes récolter des champignons dans la campagne, et elles ne peuvent que se pourvoir au marché voisin. Nous pensons donc faire plaisir à nos lecteurs en leur faisant connaître les principaux champignons vendus sur les marchés de France et de l'étranger. Voici d'après *M. Bernard*[4], ancien pharmacien militaire, la liste des espèces vendues dans les différentes villes de France:

l'Oronge vraie (*Amanita Cæsarea*), Limoges, Toulouse, Perpignan;

l'Oronge blanche (*Amanita ovoidea*), Perpignan;

l'Amanite rougeâtre (*Amanita rubescens*), Vitry-le-François;

la Lépiote erminée (*Lepiota erminea*), La Rochelle, mélangée à d'autres espèces;

la Lépiote écorchée (*Lepiota excoriata*), La Rochelle, Oran;

la Lépiote pudique (*Lepiota pudica*), La Rochelle, mélangée à *Pratella campestris*;

la Lépiote élevée (*Lepiota procera*), La Rochelle, Fontainebleau, Épinal, Perpignan, et dans bien d'autres villes;

le Mousseron de la Saint-Georges (*Tricholoma albellum*), Montbéliard, La Rochelle, Bourges, Épinal, Perpignan et ailleurs;

le Tricholome argyracé (*Tricholoma argyraceum*), Poitiers, Perpignan;

le Tricholome gris de souris (*Tricholoma murinaceum*), Perpignan;

le Tricholome chatoyant (*Tricholoma panæolum*), La Rochelle où il est vendu sous le nom d'Argouane de prairie;

le Tricholome travesti (*Tricholoma personatum*), La Rochelle et ailleurs;

le Tricholome ruiné (*Tricholoma pessundatum*), Bourges où il est mélangé à l'oreille de chardon;

le Tricholome prétentieux (*Tricholoma portentosum*), Épinal;

le Tricholome triste (*Tricholoma tristis*), Poitiers;

le Clitocybe géotrope (*Clitocybe geotropa*), Besançon;

le Clitocybe nébuleux (*Clitocybe nebularis*), Bourges, Pontarlier;

le Clitocybe odorant (*Clitocybe odora*), Perpignan;

le Collybie en fuseau (*Collybia fusipes*), Perpignan;

le Pleurote de l'Eryngium (*Pleurotus Eryngii*), Algérie, La Rochelle (sous le nom d'Argouane), Bourges;

le Pleurote en coquille (*Pleurotus ostreatus*), Bourges;

l'Entolome en bouclier (*Entoloma clypeatum*), Rochefort, Poitiers;

la Pholiote égérite (*Pholiota ægerita*), Oran;

la Pratelle des jachères (*Pratella arvensis*), La Rochelle, sous le nom de Brunette, et à peu près partout sous le nom de Boule de Neige;

la Pratelle de Bernard (*Pratella Bernardii*), La Rochelle où il se vend sous le nom de gros pied;

la Pratelle champêtre (*Pratella campestris*), en Algérie et presque partout en France;

l'Hygrophore blanc d'ivoire (*Hygrophorus eburneus*), Perpignan;

l'Hygrophore blanc de neige (*Hygrophorus niveus*), Perpignan;

l'Hygrophore pudique (*Hygrophorus pudorinus*), Pontarlier, Lons-le-Saunier;

l'Hygrophore virginal (*Hygrophorus virgineus*), Perpignan;

le Lactaire délicieux (*Lactarius deliciosus*), Toulon, Poitiers, Fontainebleau;

le Lactaire poivré (*Lactarius piperatus*), Bourbonne-les-Bains, Épinal;

le Lactaire orangé (*Lactarius volemus*), Bourbonne-les-Bains;

la Russule cyanoxanthe (*Russula cyanoxantha*), Épinal;

la Russule délicate (*Russula delica*), Bourgogne;

la Russule vert-de-gris (*Russula virescens*), Épinal, Perpignan;

la Chanterelle comestible (*Cantharellus cibarius*), Montbéliard, Paris, Fontainebleau, Bourges;

le Marasme faux-Mousseron (*Marasmius oreades*), Perpignan, Épinal;

le Bolet bronzé (*Boletus æreus*), Limoges, Paris, Fontainebleau, Perpignan;

le Bolet comestible (*Boletus edulis*), Paris, Bordeaux, Limoges, Fontainebleau, Épinal;

le Bolet rude (*Boletus scaber*), Perpignan;

la Craterelle corne d'abondance (*Craterellus cornucopioides*), Annecy;

la Clavaire améthyste (*Clavaria amethystina*), Perpignan;

la Clavaire en grappe (*Clavaria botrytis*), Bourbonne-les-Bains, Fontainebleau, Bourges, Épinal;

la Clavaire cendrée (*Clavaria cinerea*), Bourbonne-les-Bains, Perpignan;

la Clavaire coralloïde (*Clavaria coralloides*), Perpignan;

la Clavaire jaune (*Clavaria flava*), Bourbonne-les-Bains, Bourges, Épinal, Fontainebleau;

la Clavaire belle (*Clavaria formosa*), Fontainebleau;

la Clavaire fusiforme (*Clavaria fusiformis*), Lons-le-Saunier;

le Terfez du Lion (*Terfezia Leonis*), Algérie;

les *Tuber brumale* et autres: vendus partout;

le Gyromitre comestible (*Gyromitra esculenta*), Paris à l'état sec, Cannes;

l'Helvelle crépue (*Helvella crispa*), La Rochelle;

la Pézize veinée (*Peziza venosa*), Le Havre.

En **Allemagne**, sur le marché d'Iéna, on vendrait, d'après le Dr Pfeiffer, une trentaine d'espèces de champignons, dont les suivantes ne sont pas comprises dans la liste ci-dessus:

Clitopilus prunulus, *Pholiota mutabilis*, *Russula alutacea*, *Marasmius scorodonius*, *Boletus granulatus*, *luteus*, *versipellis*, *Polyporus confluens*, *ovinus*, *sulfureus*, *Hydnum imbricatum*, *rufescens*, *Sparassis crispa*, *Peziza acetabulum*.

Dans un article très documenté, M. *E. Perrot* (Bulletin de la Société mycologique de France, année 1902) passe en revue tous les marchés européens où la vente des champignons est contrôlée; il énumère les espèces apportées et les prescriptions auxquelles doivent se conformer les vendeurs. Nous regrettons de ne pouvoir, faute de place, reproduire en entier son intéressant travail; nous lui emprunterons seulement ce qui a trait à la France.

A **Paris**, il y a vingt-cinq ans, on ne tolérait aux Halles que le Champignon de couche; les Morilles elles-mêmes étaient exclues; quant au Cèpe, il fallait qu'il fût de provenance bordelaise!

Aujourd'hui on trouve:

Amanita Cæsarea, *Tricholoma Georgii*, *nudum*; *Lepiota procera*; *Lactarius deliciosus*; *Marasmius oreades*; *Pratella campestris*, *arvensis*; *Cantharellus cibarius*; *Craterellus cornucopioides*; *Boletus edulis*, *aurantiacus*; *Morchella rotunda*, *conica*, *semi-libera* et autres; *Verpa digitaliformis*; *Peziza acetabulum*, *venosa*, etc.; *Hydnum repandum*, *imbricatum*; divers *Clavaria* et *Polyporus*.

Tous doivent être soumis au visa d'un inspecteur.

A **Lyon** on ne tolère que les espèces suivantes: Champignons de couche; Morilles, Cèpes de Bordeaux; Chanterelles; Clavaires.

A **Bordeaux** la vente des champignons sauvages autres que les Truffes et les Cèpes est insignifiante.

Il n'en est pas de même dans d'autres villes du Sud-Ouest, et à Libourne on peut rencontrer sur le marché la plupart des espèces énumérées plus haut; il en est de même à Poitiers, Niort, Nantes, etc.

Dans certaines villes il est interdit de vendre l'Oronge vraie, sans doute par crainte exagérée de la fausse Oronge.

Il résulte de qui ce précède, que peu à peu le nombre des espèces vendues augmente, ce qui sans nul doute est dû en grande partie à la propagande faite par la *Société mycologique de France* dont les membres répandus un peu partout sont tout désignés pour renseigner le public.

Chaque année, la Société organise sur divers points de la France des excursions qui durent plusieurs jours; ces excursions, très appréciées du public, sont suivies d'une exposition générale des espèces récoltées.

Voir à la fin du volume quelques indications sur cette Société.

CHAPITRE VIII

Récolte et préparation culinaire des champignons. — Conservation.

Bien des gens sont obligés, lorsqu'ils veulent manger des champignons, de se les procurer au marché où, indépendamment du champignon de couche qui s'y trouve en toute saison, on peut, à certaines époques, acheter des champignons sauvages, qui généralement ont été vérifiés par des inspecteurs compétents.

Pour ceux qui ont des loisirs ou qui habitent la campagne, nous croyons utile de donner quelques conseils sur le manière de récolter les champignons, et d'indiquer les précautions à prendre pour éviter les méprises.

On trouve des champignons presque toute l'année, sauf pendant les grands froids où toute végétation se trouve suspendue, mais c'est surtout au printemps et à l'automne qu'a lieu la pousse des champignons. C'est au printemps que l'on peut récolter les Morilles, les Mousserons et certaines Pézizes. A l'automne le nombre des individus et des espèces de champignons est beaucoup plus considérable, et l'on peut dire que l'on n'a que l'embarras du choix; ce sont les Agarics, les Cèpes, les Morilles, les Hydnes et bien d'autres encore.

Il ne suffit pas lorsqu'on veut récolter des champignons *pour les manger*, de prendre au hasard ceux qui flattent le regard par leur couleur ou par leur forme. *Il est de toute nécessité de les examiner un à un et de bien vérifier les caractères qui leur sont propres.* On ne saurait trop répéter avec Roques: «Attachez-vous à un petit nombre d'espèces bien observées, bien connues, comme les Morilles, les Clavaires, les Hydnes, les Chanterelles, les Cèpes, les Mousserons, les Oronges.»

Les champignons doivent être récoltés plutôt jeunes que vieux, car, à cet état, ils offrent au plus haut degré les qualités qui leur sont propres; la chair en est plus ferme, le parfum plus vif et plus délicat. N'oublions pas que le champignon *trop âgé et trop avancé* peut devenir indigeste et quelquefois nuisible.

Ceci nous amène à parler de la durée des champignons.

En général les champignons, tout au moins ceux qui sont destinés à l'alimentation, étant très gorgés d'eau, ne sont pas susceptibles d'une longue conservation.

Lorsqu'un champignon se montre à nos regards, il est bien près d'avoir acquis tout son développement, et dès que ses spores sont mûres, il tend à disparaître, c'est-à-dire à se ramollir, à pourrir, comme on dit vulgairement.

Quand le temps est humide et chaud, il se décompose rapidement: au contraire par un temps sec, il subit sur place une sorte de dessiccation qui lui permet en quelque sorte de se momifier et de persister pendant un temps fort long.

Il n'en est pas de même une fois que l'on a récolté les champignons, car alors la décomposition arrive vite, et ce n'est qu'avec peine que l'on peut les garder quelques jours. La durée de conservation peut s'accroître sensiblement si l'on a pris la précaution de récolter de jeunes exemplaires, qui accompliront à la maison une partie de leur développement.

Une cause active de décomposition des champignons, récoltés ou non, est la présence des vers. Tout champignon véreux, ou piqué comme on dit souvent, est infailliblement condamné à disparaître hâtivement: il importe donc autant que possible de ne pas se charger inutilement de champignons piqués ou véreux.

Nous ferons remarquer qu'il est inexact de dire des champignons, qu'ils sont piqués des vers, car ce ne sont pas des vers, mais bien des larves d'insectes, principalement de diptères ou de coléoptères.

Comme nous l'avons dit plus haut: *Aucun caractère général, soit chimique, soit extérieur, ne peut être invoqué pour savoir si un champignon est ou non comestible*; l'expérience par l'étude seule permet de porter un jugement sûr.

Bien souvent, lorsqu'on récolte des champignons, on se contente de détacher la partie du champignon qui émerge au-dessus du sol sans se rendre compte que le pied, qui reste enfoui sous terre, pourrait fournir des indications, des caractères sûrs pour la détermination de l'espèce.

En effet les Amanites (voir page 150) et les Volvaires (voir page 153) ont le pied garni d'une sorte de cornet auquel on a donné le nom de *volve*, et chose remarquable, il semble que plus la volve est développée, plus le champignon soit dangereux. Il y a lieu toutefois de faire une exception pour l'Amanite vaginée (voir page et planche 8), qui a une volve très développée et qui est cependant comestible, mais cette Amanite s'éloigne de ses congénères par l'absence de collier.

Ainsi donc, ne prenez jamais un champignon sans qu'il soit complet.

Il faut bien se garder lorsqu'on va à la chasse aux champignons, de mettre ces derniers dans un filet, comme cela arrive souvent, où ils s'affaissent, se meurtrissent les uns au contact des autres, et deviennent méconnaissables; ce qui rend très difficile la vérification lors du retour à la maison. Il est bien préférable de les disposer au fur et à mesure de la récolte dans un panier léger, ce qui offre le grand avantage de les rapporter intacts.

Il arrive souvent que les champignons sont attaqués par des larves d'insectes; on dit alors qu'ils sont *piqués* ou *véreux*. On doit rejeter de la consommation des champignons ainsi piqués, ce dont on s'assure en les coupant ou en les rompant. Il est bien inutile en effet de se charger de champignons avariés, que l'on ne pourra utiliser pour la consommation.

Conservation.

Quand les champignons sont abondants, il peut y avoir intérêt à les conserver; on procède alors, après les avoir récoltés avec toutes les précautions susindiquées, de la façon suivante. Après les avoir nettoyés à sec, on les fait sécher à l'ombre dans un endroit sec, sur des claies, ou bien on en fait des chapelets, en évitant qu'ils se touchent; on achève au four ou dans une étuve modérément chauffée, la dessiccation, et l'on conserve au sec.

On peut employer ce procédé simple et à la portée de tout le monde, pour les Mousserons, les Hydnes, les Craterelles, les Morilles, etc., et en général pour les champignons dont la chair est un peu sèche par nature. Nous ajouterons que les champignons ainsi desséchés doivent subir une préparation lorsqu'on veut les employer: on les lave à l'eau pour enlever la poussière qui pourrait les souiller et ensuite on les fait tremper douze ou vingt-quatre heures dans un peu d'eau tiède, ou mieux dans du bouillon ou du lait pour les faire renfler; après quoi on peut les employer à la manière des champignons frais. Lorsqu'on destine les champignons simplement à servir de condiment, on les réduit en poudre lorsqu'ils sont secs, et on les conserve dans des flacons bien bouchés.

D'autres fois on fait confire les champignons simplement dans le vinaigre; il faut alors opérer comme pour les cornichons. Les Clavaires se prêtent très bien à ce mode de conservation, de même que certains champignons très jeunes (lorsqu'ils ont par exemple la grosseur d'une noix au plus). Enfin on peut les conserver dans le sel ou dans la graisse.

L'industrie prépare, par le procédé d'Appert, de grandes quantités de champignons destinés à être expédiés en tous pays. Ceux-ci étant épluchés comme nous l'avons dit, sont mis dans des boîtes de fer-blanc, que l'on soude sauf sur un point. On soumet ensuite les boîtes ainsi préparées à une température de 100° au moins, puis on ferme l'orifice qui avait été ménagé lors du remplissage. C'est ainsi que l'on conserve les Cèpes, l'Oronge, et surtout le Champignon de couche.

Préparation culinaire des champignons.

On peut dire, d'une façon générale, que les champignons quels qu'ils soient peuvent être apprêtés de la même façon; la manière la plus simple est de les faire sauter au beurre; on peut aussi les préparer à la crème, en fricassée de poulet, ou en matelote. Souvent on les ajoute en petite quantité à un morceau de viande quelconque lorsqu'il arrive vers la fin de sa cuisson.

Les champignons demandent en général une cuisson peu prolongée, et il faut éviter de mettre ensemble des espèces de consistance très différente qui pourraient demander un temps de cuisson plus ou moins long. Quelques champignons demandent seulement quelques minutes de cuisson, alors que d'autres, comme les Hydnes, les Chanterelles, les Lactaires, exigent près d'une heure, dit-on!

Avant de faire cuire les champignons, on enlève leur épiderme (ou peau) et souvent aussi les feuillets pour les Agarics, et toujours les tubes (vulgairement foin) dans les Cèpes. Pour d'autres enfin, il suffit de procéder au nettoyage et à l'enlèvement des parties qui pourraient être avariées. Il convient généralement, surtout dans les échantillons assez développés, ou dans quelques espèces, de rejeter le pied, ou la base, du champignon comme étant coriace. Enfin il est d'usage, surtout pour les champignons de couche, de les faire tremper, après les avoir épluchés, dans de l'eau légèrement vinaigrée, salée ou non.

Cette pratique, non suivie par les gourmets, n'a d'autre but que d'empêcher la chair des champignons de noircir par suite de l'action du couteau qui a servi à les préparer: il se forme au contact de l'acide acétique du vinaigre, de l'acétate de fer qui est incolore.

Souvent il reste de la terre ou du sable adhérent aux champignons, notamment aux Morilles, qu'un simple lavage à l'eau ne parvient pas à enlever. Pour supprimer ces corps désagréables, il suffit de mettre les champignons en question dans de l'*eau salée*, qui dissout la matière visqueuse, grâce à laquelle l'adhérence du sable s'est produite.

Voici quelques recettes pour la préparation culinaire des champignons, au sujet desquels la plupart des livres de cuisine sont muets:

CHAMPIGNON DE COUCHE

Le champignon de couche étant le plus généralement consommé parmi les champignons, nous nous étendrons plus spécialement sur les différentes manières de l'apprêter. Les recettes que nous indiquerons, la plupart d'après Roques, Paulet, Persoon, etc., pourront d'ailleurs s'appliquer aux autres espèces.

Champignons sur le plat ou en fricassée de poulet.

Coupez par morceaux les champignons, que vous aurez préalablement épluchés avec soin, lavez-les à l'eau froide, puis essuyez-les, en les pressant dans un linge doux. Ensuite mettez-les sur un plat pouvant aller au feu, avec du beurre, du persil et du sel. Faites cuire à feu vif et ajoutez, au moment de servir, de la crème ou des jaunes d'œufs pour avoir une sauce bien liée.

Croûte aux champignons.

Préparez vos champignons, et après les avoir pelés et supprimé le pied, faites-les sauter dans une casserole avec un peu de beurre; ajoutez-y du jus de citron, du sel, poivre, épices et fort peu d'ail; laissez cuire environ une heure. Au moment de servir, liez vos champignons avec des jaunes d'œufs et versez sur des croûtons de pain frits au beurre et symétriquement disposés sur un plat. Cette manière d'apprêter les champignons est l'une des meilleures.

Champignons à la Cussy.

Coupez les champignons en tranches assez épaisses, mêlez-y quelques truffes préparées et coupez de même en tranches, ajoutez-y un peu d'ail haché très fin. Faites sauter le tout avec du beurre bien frais, ajoutez du citron puis les condiments ordinaires, sel, poivre, épices, voire même un peu de bouillon ou de sauce de viande. Faites cuire environ une demi-heure après y avoir adjoint, sur la fin, un peu de vin de Madère ou de Sauterne.

Champignons à la Provençale.

Prenez des champignons de couche ou autres, en grand état de fraîcheur, c'est-à-dire fermes et bien sains; épluchez-les, coupez-les, lavez-les à l'eau froide. Faites-les ensuite mariner pendant deux heures dans l'huile avec du sel, du poivre et un peu d'ail, puis faites-les sauter à feu très vif. Lorsque la cuisson est à point, vous y ajouterez un peu de persil haché et du citron.

Nous verrons plus loin que cette recette rappelle la préparation des cèpes à la Bordelaise.

Champignons farcis.

Épluchez les champignons que vous aurez eu soin de prendre plutôt petits que grands, enlevez-en complètement le pied et remplissez la partie concave de votre champignon avec un hachis fait de beurre, lard, mie de pain, fines herbes, épices et sel; le tout bien mélangé. Faites cuire à feu doux.

Hachis aux champignons.

Hachez finement des champignons soigneusement épluchés, mettez-les dans une casserole avec du beurre, ajoutez un peu de farine, du bouillon, sel, poivre, épices, et une feuille de laurier. Faites cuire et réduire suffisamment et versez votre sauce sur un hachis de mouton, veau, volaille, etc.

Purée de champignons.

Préparez vos champignons à la manière ordinaire, puis hachez-les très fin et les passez. Ceci dit, faites-les sauter avec un peu de beurre, ajoutez du citron, du consommé, et faites réduire en purée que vous pourrez servir avec des blancs de volaille, des filets de poissons, etc.

Truite aux champignons.

Mettez dans une casserole du beurre avec des champignons (bien épluchés), des échalotes et du persil haché, mouillez avec du bouillon et du jus de viande. Vous prenez ensuite une large croûte de pain trempée dans le court-bouillon qui a servi à faire cuire votre truite, vous la réduisez en purée et l'ajoutez dans la sauce avec un peu de beurre et de farine. Lorsque votre sauce est à point, vous la versez sur la truite qui doit être entièrement recouverte.

Matelote aux champignons.

Le champignon de couche s'allie très bien à la matelote et la préparation en est fort simple. Il suffit, après avoir préparé les champignons, de les couper en menus morceaux et de les faire cuire avec les différents poissons qui la composent.

Oronges à la Bordelaise.

On fait mariner les Oronges dans de l'huile d'olive après les avoir pelées. On en hache une partie avec des fines herbes, ail et mie de pain. De ce hachis on garnit la partie concave des oronges et l'on fait cuire doucement sur un plat ou dans une casserole.

Oronges à l'Italienne.

Préparez vos Oronges, faites-les cuire avec du beurre et un peu de sel, servez-les avec une sauce composée d'amandes douces, d'ail, de poivre, d'huile et de jus de citron.

Oronges à la Milanaise.

Après avoir épluché et lavé vos Oronges, vous les coupez menu, les passez à la casserole avec du beurre, de l'huile, des fines herbes et de l'ail. Vous ajoutez du consommé, laissez cuire à point et versez le tout sur des tranches de pain. C'est ce qu'on appelle à Milan les Oronges en potage.

Olla Podrida.

L'Olla Podrida est un mets très apprécié en Espagne. Il se compose de viandes, de légumes et de racines de toute espèce, auxquelles on ajoute des Oronges et des Mousserons. Dans un semblable assemblage, il est bien difficile de distinguer le parfum de ces excellents champignons.

Oronges frites.

Coupez les Oronges par tranches que vous ferez bouillir dans du lait avec un peu de zeste de citron, puis vous les faites frire avec du beurre, de l'huile ou du saindoux, vous les tournez et saupoudrez de sucre comme les crêpes.

Lépiote et Goutte d'encre.

Ces champignons sont très délicats et très légers; comme ils ont peu de chair, il est inutile de leur enlever les feuillets, aussi doit-on faire usage de sujets bien sains et peu avancés.

On peut les faire sauter dans l'huile fine avec une pointe d'ail, poivre et sel.

On les mange aussi en fricassée de poulet, souvent même simplement cuits sur le gril. On rejette le pied qui est coriace.

Mousserons.

La meilleure manière d'apprêter les Mousserons est sans contredit celle dite en fricassée de poulet.

Russule vert-de-gris.

Dans le Haut-Languedoc, où ce champignon est très commun, on le fait cuire sur le gril avec des fines herbes et de l'huile. On peut aussi en faire un hachis avec du beurre et des fines herbes et l'introduire dans une omelette.

Lactaires.

En Allemagne on mange le Lactaire orangé assaisonné avec du beurre et du persil, ou cuit avec de la crème et relevé de sel et de fines herbes. On pourrait de même préparer le Lactaire délicieux, qui en outre fait bonne figure autour d'un morceau de viande.

Les Lactaires demandent une cuisson assez prolongée.

Chanterelles.

Après avoir épluché et lavé les Chanterelles on les passe à l'eau bouillante et on les fait cuire avec du beurre, de l'huile d'olive, estragon haché, sel, poivre et du zeste de citron. On les laisse cuire à feu doux et on les arrose de temps en temps avec de la crème et du bouillon. Ce champignon demande à être cuit longtemps et à feu doux.

CÈPES

Cèpes à la Bordelaise.

Prenez des champignons encore jeunes et dont la chair est ferme et bien blanche, enlevez-en les tubes (vulgairement foin) et le pied, pelez-les et les coupez par morceaux. Ensuite faites-les revenir un instant pour leur enlever une partie de leur eau; exprimez légèrement et faites cuire avec de l'huile, du persil, de l'ail haché, poivre et sel, ajoutez vers la fin un peu de jus de citron. Souvent on les mange cuits simplement sur le gril et convenablement assaisonnés, ou encore frits dans la poêle, avec du beurre, du saindoux ou de l'huile.

On peut encore préparer un potage aux cèpes en suivant la recette que nous avons indiquée au champignon de couche.

Nous pourrions encore ajouter de nouvelles recettes culinaires, mais à quoi bon; nos lecteurs sauront bien, dans les années d'abondance, varier les manières d'apprêter ces excellents champignons.

Langue de bœuf.

Ce champignon acquiert quelquefois des dimensions assez considérables, mais il est préférable de faire emploi de ceux qui ne sont pas trop développés. Ils sont plus tendres et d'une digestion plus facile.

Après avoir épluché la langue de bœuf et supprimé les parties fibreuses, on la passe à l'eau bouillante et fait cuire avec du beurre, du persil, ciboule, poivre, sel; on ajoute ensuite des jaunes d'œufs.

On mange également ce champignon cuit sous la cendre et coupé par tranches en y ajoutant une liaison.

En Autriche, on l'ajoute à la salade coupé en tranches comme la betterave.

Hydne sinué.

Ce champignon est fort bon réduit en purée et assaisonné de bouillon ou de consommé.

Souvent on le prépare avec du beurre, sel, poivre, etc.

On peut aussi, avec avantage, l'ajouter aux ragoûts; il demande à être bien cuit.

Clavaires.

Les Clavaires, en raison de leur extrême division, demandent à être examinées et nettoyées avec grand soin. Toutes les Clavaires sont comestibles. Après les avoir lavées et épluchées à l'eau tiède, on les égoutte et fait cuire avec du beurre, du persil, un peu de ciboule, poivre et sel. Lorsqu'elles sont cuites on ajoute une liaison de jaune d'œuf.

Les Clavaires s'allient fort bien avec la viande.

On peut aussi les confire au vinaigre en guise de cornichons.

Morilles, Helvelles et Pézizes.

Toutes les Morilles sont également comestibles et très recherchées par tout le monde.

Quelle que soit la façon dont on prépare les Morilles, il faut au préalable les examiner avec soin, afin d'éviter qu'il ne se trouve dans leurs alvéoles des corps étrangers ou même des insectes; puis on les coupe en quatre et les passe rapidement dans l'eau. Ceci fait, on les mettra dans une casserole avec du beurre, poivre, sel, persil, et un morceau de jambon. Faire cuire pendant une heure en ajoutant de temps à autre du bouillon, car les Morilles rendent peu d'eau.

Vers la fin de la cuisson, on ajoute des jaunes d'œufs comme liaison. On peut les servir seules ou sur une croûte de pain rissolée et beurrée. Pour les omelettes aux Morilles, on hache celles-ci menu et on les mélange aux œufs.

Les mêmes manières et aussi les mêmes précautions s'appliquent aux Helvelles et aux Pézizes.

Truffes.

On mange des truffes cuites au vin de Champagne, en potages ou ragoûts, en tourtes, mais l'emploi le plus fréquent de ces excellents champignons est surtout dans le truffage des volailles et la fabrication des pâtés de foie gras. C'est là que la truffe développe davantage son merveilleux parfum.

Le gourmet, paraît-il, préfère néanmoins les truffes cuites sous la cendre et sans apprêt.

L'huile ou tout autre corps gras se marie fort bien à la truffe dont la chair est naturellement sèche. Après l'huile, le vin est le véhicule qui lui convient le mieux.

Pour faire un bon ragoût de truffes, il faut, après les avoir bien lavées et brossées, les faire tremper dans l'huile. On les coupe ensuite par tranches et on les met sur le plat avec de l'huile ou du beurre, un peu de vin, du sel et du poivre. Au bout d'une demi-heure elles sont cuites; on ajoute alors une liaison de jaune d'œuf.

Omelette aux champignons.

Commencer par faire cuire à la poêle les champignons—de préférence des espèces délicates—après les avoir divisés en petits morceaux; quand ils sont à point, on verse par-dessus les œufs battus comme il convient; on mélange bien la masse pour répartir à peu près également les champignons et on fait cuire comme une omelette ordinaire.

CHAPITRE IX

Emploi des champignons dans l'industrie et la médecine.

Les champignons proprement dits n'ont qu'un emploi assez restreint dans l'industrie et la médecine. Avec le *Polyporus fomentarius*, vulgairement appelé *amadouvier*, que l'on trouve sur les troncs des vieux chênes et hêtres, on fabrique l'amadou, employé pour arrêter les hémorragies. Pour l'obtenir on le ramollit en l'exposant dans un endroit humide, on le prive de son écorce, puis on le divise en tranches minces que l'on bat avec un maillet jusqu'à ce qu'elles aient atteint la souplesse voulue. Pour l'usage des fumeurs on l'imprègne de salpêtre, ce qui lui donne une combustion plus régulière et plus sûre.

Un autre champignon, le *Polypore du bouleau*, coupé par tranches convenablement préparées, donne des cuirs à rasoirs fort appréciés.

Certaines matières colorantes pourraient être retirées des champignons; ainsi le *Polyporus hispidus* est susceptible de teindre en marron; le *Polyporus sulfureus* donne une couleur jaune. Bulliard a montré que l'on pouvait composer une bonne encre avec le *Coprinus atramentarius*, appelé pour cela *Encrier* ou *goutte d'encre* par le peuple.

En 1876, M. *E. Boudier*, le Maître de la mycologie française, a soumis à la Société botanique de France un mémoire de plusieurs pages, écrit par lui *sept ans auparavant* avec de l'encre du *Coprinus atramentarius*, sauf les passages ayant trait au *C. comatus* qui l'ont été avec l'encre de ce dernier. Le mémoire en question doit se trouver encore aux archives de la Société prénommée. L'encre employée, dont la coloration est due aux spores mûres, a de l'analogie avec celle de Chine.

La médecine, contrairement à ce que l'on aurait pu croire, utilise fort peu de champignons, bien que certains soient doués de propriétés bien caractérisées. Le *Polyporus officinalis* ou *Polypore du mélèze* est souvent employé contre les sueurs nocturnes des phtisiques. L'*Ergot de seigle* fournit l'ergotine qui est d'un emploi fréquent dans la médecine pour arrêter les hémorragies.

Le poison qu'on extrait de l'*Amanita muscaria* ou *Fausse Oronge* a sur l'organisme un effet analogue à celui du Curare, et s'emploie sous forme de teinture contre l'épilepsie.

CHAPITRE X

Culture des champignons.

Depuis fort longtemps l'homme, en vue de satisfaire sa passion pour les champignons, a essayé de les cultiver. Les Romains et les Grecs savaient comme nous cultiver le Champignon de couche.

De nos jours, voici comment on opère:

L'élément essentiel pour la production du champignon de couche est le fumier et de préférence celui de cheval. On fait subir à ce fumier une série d'opérations qui ont pour but de développer dans sa masse une certaine fermentation qui l'amène à un état de décomposition favorable au développement du champignon; en somme on vieillit le fumier. Pour arriver à ce résultat, il est nécessaire de mélanger plusieurs fois les différentes parties du fumier; il faut, comme on dit, le *recouper*. Lorsqu'il est à point, on prépare les couches qui ont généralement 45 à 55 centimètres de hauteur sur 50 à 65 de largeur. En terme de métier la couche est appelée *meule*; lorsque la meule est terminée, on la régularise, «on la peigne», puis on la larde. Le lardage consiste à introduire dans la couche des portions de blanc de champignon. Quelques jours après, lorsque l'on voit des filaments blancs rayonner, on procède au *goptage*, c'est-à-dire que l'on recouvre la surface de la meule d'une couche de 2 centimètres environ d'un mélange plus ou moins salpêtre qui sert de protection à la couche. Cinq ou six semaines après le lardage, les champignons commencent à se montrer; la récolte peut durer pendant trois mois. On cueille les champignons lorsqu'ils sont encore jeunes, c'est-à-dire non ouverts, en sorte que les lames ou feuillets n'ont pas encore la teinte foncée que représente notre planche.

Des essais de culture d'autres champignons, tels que la truffe, la morille, ont été tentés, et ont donné parfois des résultats satisfaisants sans que l'on puisse cependant en induire que l'on possède une méthode sûre, qui permette de produire à volonté ces précieux condiments.

Pour la truffe, au moins jusqu'à présent, on se borne à favoriser, voire même à augmenter la production des truffières naturelles.

M. Boulanger serait arrivé à des résultats concluants en partant de la spore, qu'il fait germer directement: et dans un domaine qu'il possède aux environs de Paris, il aurait pu établir des centres de production, qui semblent être le résultat d'un ensemencement direct; ces expériences fort intéressantes et d'une grande importance sont encore trop récentes et trop peu nombreuses pour pouvoir être considérées comme acquises.

Quant à la Morille, on ne sait encore rien de précis sur sa culture, et ce n'est qu'accidentellement que quelques expérimentateurs ont pu récolter ce champignon. Nous citerons à ce propos une observation que nous avons eu l'occasion de faire il y a quelques années.

Une administration de l'État ayant à détruire une grande quantité de documents, les fit réunir dans un endroit clos de murs, arroser de pétrole et brûler; ceci se passait à l'automne. Au printemps suivant on put recueillir dans cet enclos, situé en pleine ville, environ 2 kilos de *Morchella hortensis.* Le hasard ayant voulu que la même année des dossiers fussent brûlés chez un avoué de notre ville, nous y trouvâmes trois *Morchella semi-libera.* Il y a peut-être là une indication pour les essais de culture de la morille.

Notons du reste que la présence du charbon semble être favorable à la pousse de certains champignons; tout le monde sait que dans les forêts, les places où l'on fait du charbon se peuplent, peu de temps après, de champignons d'espèces différentes. Enfin, nous ajouterons qu'en Italie on obtient le *Polypore tubérastre*, en arrosant de temps en temps une sorte de tuf, appelé la *Pieta fungaja* (pierre à champignon).

D'après M. Devaux, on pourrait se procurer aisément l'*Agaric atténué* (*Pholiota cylindracea*), très estimé dans le Languedoc où il est connu sous le nom de *Pibaulado.* Il suffit de prendre de larges rondelles de peuplier, de 3 ou 4 centimètres d'épaisseur; on frotte l'une des faces avec des feuillets mûrs de l'Agaric atténué, puis l'on place en terre ces rondelles que l'on recouvre d'une légère couche de terreau. Les champignons apparaissent un ou deux mois après, surtout si l'on a pris soin d'arroser de temps en temps.

On peut aussi obtenir certains champignons, notamment le *Pied bleu* (*Tricholoma nudum*), en transportant dans une cave une portion d'humus rempli de filaments mycéliens; si l'on a opéré avec précaution, les champignons se développent à leur époque habituelle.

CHAPITRE XI

Classification des champignons.

Dans un ouvrage de vulgarisation comme celui que nous présentons au public, et qui ne contient qu'un petit nombre de champignons décrits, on pourrait fort bien omettre de parler de classification. Mais comme dans ce petit livre nous avons essayé de faire connaître des généralités sur ces intéressants végétaux, nous pensons qu'il est de notre devoir de dire un mot sur la classification de ces cryptogames.

C'est à *Elias Fries*, grand naturaliste suédois, né en 1794 et mort en 1878, que nous devons la première classification rationnelle des champignons. C'est encore celle que l'on suit le plus généralement à l'époque actuelle, au moins dans ses grandes lignes.

L'ensemble des champignons peut se subdiviser en groupes plus ou moins importants, caractérisés surtout par la situation des spores (nous avons dit plus haut que les spores sont les graines des champignons).

Parmi ces groupes, nous parlerons seulement de ceux qui comprennent les espèces décrites dans notre ouvrage. Ce sont les **Hyménomycètes**, les **Discomycètes**, les **Gastéromycètes** et les **Tubéracées**.

Disons de suite que tous ces mots, qui paraissent barbares au premier abord, sont tirés du grec: ils ont le grand avantage de résumer en un seul mot toute une phrase.

Ainsi **Hyménomycètes** veut dire champignons pourvus d'un hyménium quelconque.

Discomycètes signifie que les champignons qui rentrent dans ce groupe ont plus ou moins la forme d'un disque.

Les **Gastéromycètes** comprennent des champignons généralement globuleux, ventrus, pourrions-nous dire, puisque gaster veut dire ventre.

Enfin **Tubéracées** s'applique aux champignons souterrains.

Beaucoup d'autres mots tirés également soit du grec, soit du latin, sont employés comme nous le verrons dans la classification des champignons, on s'y habitue très facilement.

Les **Hyménomycètes** renferment la plupart des grosses espèces ou champignons proprement dits. Dans toutes les espèces de ce groupe, les spores se trouvent toujours placées à l'extérieur du champignon, ou tout au moins sur une surface en communication naturelle avec l'air extérieur. Cette surface qui porte les spores a reçu le nom d'*hyménium*, d'où l'on a fait *Hyménomycètes.*

Tous les Agarics, les Bolets, les Clavaires, etc., font partie de ce groupe.

Ces champignons poussent sur la terre ou plus rarement sur le bois; ils sont membraneux (c'est-à-dire minces et transparents), coriaces, ou charnus et même ligneux.

Les **Gastéromycètes** diffèrent des Hyménomycètes en ce que leur fructification se développe à l'intérieur même du champignon; elle est interne et non externe.

Ce sont des champignons terrestres, poussant plus rarement sur le bois; ils sont membraneux, coriaces ou charnus, mais non véritablement ligneux. Nous citerons comme exemple les *Lycoperdons*, vulgairement appelés *Vesse-loup*. (On dit aussi Vesse-de-loup.)

Dans les deux groupes dont nous venons de parler, les spores se forment librement à l'extrémité de cellules spéciales auxquelles on a donné le nom de *basides*, et jamais elles ne se produisent à l'intérieur de grandes cellules, comme nous le verrons dans les deux groupes dont nous allons parler.

Les **Discomycètes** comprennent des champignons charnus ou coriaces, de formes très différentes. Tous sont caractérisés par leur appareil de fructification qui diffère essentiellement de ce que nous venons de voir.

L'hyménium des Discomycètes est formé de grandes cellules allongées, accolées les unes aux autres, comme le sont des sacs de blé, par exemple, dressés les uns contre les autres. Ces grandes cellules, appelées *thèques* ou *asques*, sont le plus souvent entremêlées d'autres, très longues et très ténues, que l'on nomme *paraphyses.*

C'est dans l'intérieur de ces grandes cellules (asques ou thèques) que se forment les spores, variables suivant les espèces, et toujours libres, c'est-à-dire non soudées entre elles, mais, chose remarquable, généralement au nombre de huit.

Les *Morilles*, les *Helvelles*, les *Pézizes*, etc., sont des Discomycètes.

Lorsque les spores sont mûres, elles s'échappent des thèques avec une force de projection souvent très grande, et dans certaines pézizes et helvelles, il est facile de constater ce phénomène, car l'expulsion des spores en masse donne lieu comme à une production très apparente de poussière. C'est surtout lorsqu'une helvelle et une pézize sont soumises à un mouvement brusque, qu'a lieu cette émission de spores; l'expérience peut se répéter plusieurs fois de suite sur le même individu.

On n'est pas encore bien fixé sur les causes de cette projection; il est fort possible que les paraphyses qui accompagnent les thèques interviennent dans le phénomène de l'émission des spores.

En effet, c'est surtout sous l'influence d'un choc ou d'un attouchement quelconque qu'elle se produit. On pourrait alors penser que les paraphyses, animées d'un mouvement vibratoire, pressent sur les thèques d'une façon suffisante pour en expulser les spores.

Nous pourrions ajouter que l'extrémité des paraphyses est le plus souvent remplie de granulations colorées et douées d'un mouvement vibratoire très rapide; ne serait-il pas possible de voir dans ces granulations des organes utiles à la fécondation? Or, ne l'oublions pas, on connaît jusqu'alors fort peu de chose sur ce sujet. Y a-t-il chez les champignons, comme chez les plantes plus élevées en organisation, une véritable fécondation, c'est-à-dire l'action d'une cellule mâle sur une cellule femelle? A vrai dire nous le pensons, et peut-être ne serait-il pas impossible que dans les Discomycètes en particulier, la ou les cellules mâles soient contenues dans les paraphyses, d'où elles s'échapperaient au passage des spores issues des thèques. Il y a lieu de remarquer en effet que les paraphyses dépassent sensiblement ces dernières, et que les spores doivent en s'échappant passer au contact des paraphyses où elles peuvent s'imprégner des cellules fécondantes mâles.

Dans les Hyménomycètes et particulièrement dans les Agaricinées, on trouve sur l'hyménium des cellules spéciales, grandes, dépassant sensiblement les spores, et que nous serions tentés d'assimiler aux paraphyses des Discomycètes. Ces *cystides*, comme on les nomme, sont le plus souvent remplies de fines granulations, analogues à celles d'un pollen fécondant. A un moment donné, ces cystides s'ouvrent à leur extrémité et laissent échapper leur contenu qui pourrait fort bien féconder les spores.

Tout ceci, bien entendu, n'est qu'une opinion personnelle, bien loin d'être démontrée.

Les **Tubéracées** qui sont représentées dans notre livre par la *truffe* que tout le monde connaît, sont des champignons globuleux, qui poussent généralement à une petite profondeur dans la terre. Ces champignons sont charnus, coriaces, et ils renferment dans leur intérieur des *thèques* munies de spores au nombre de 1 à 8.

Les groupes dont nous venons de parler se subdivisent à leur tour en *familles*, les familles en *genres*, et les genres en *espèces*.

Le groupe des **Hyménomycètes** comprend les *familles* suivantes:

Les **Agaricinées**, caractérisées par la présence d'un hyménium disposé sous forme de lames ou feuillets rayonnants, supportant les spores. Exemple: le Champignon de couche (fig. 1).

Les **Polyporées**, caractérisées par la présence de tubes renfermant les spores. Exemple: le Cèpe (fig. 2).

Les **Hydnées**, caractérisées par la présence de pointes coniques ou aplaties, garnies à leur surface de spores. Exemple: l'Hydne.

Les **Auriculariées**, comprenant les champignons dont l'hyménium est lisse ou ridé, et non lamellaire, poreux ou en pointe. Exemple: la Craterelle.

Les **Clavariées**, comprenant des champignons charnus, dressés, rameux le plus souvent, et garnis de spores sur toute leur surface qui est lisse. Exemple: les Clavaires.

Les **Trémellacées**, comprenant des champignons à réceptacles minces ou gélatineux, ordinairement recouverts à leur surface par l'hyménium sporifère. Exemple: les Tremelles.

Dans ces quatre dernières familles les spores se trouvent placées simplement à la surface du champignon; alors l'hyménium se trouve moins localisé que dans les Agaricinées et les Polyporées, sauf peut-être dans les Hydnées où il se trouve exclusivement sur les piquants ou pointes, qui garnissent la partie inférieure du chapeau.

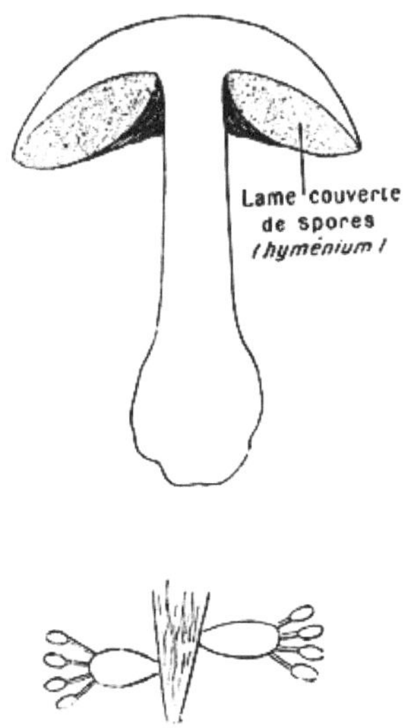

Fig. 1.—Agaric coupé en travers pour montrer les lames couvertes de spores. Au-dessous, lame d'Agaric (au milieu) très grossie, montrant

d'abord les basides, puis les stérigmates et enfin les spores au nombre de quatre.

Les **Agaricinées** renferment un nombre considérable d'espèces, qui se répartissent en séries, classées d'après la coloration de leurs spores. C'est ainsi que nous avons:

1° **Les champignons à spores blanches** (Leucosporées), qui comprennent toutes les espèces à spores blanches ou blanchâtres, parfois un peu jaunâtres.

2° **Les champignons à spores roses** (Rhodosporées), dont les spores sont roses ou de couleur saumon.

3° **Les champignons à spores ochracées** ou plus ou moins couleur de rouille (Ochrosporées), mais jamais noires.

4° **Les champignons à spores brunes ou noires** (Mélanosporées).

Les mots Leucosporées, Rhodosporées, Ochrosporées, Mélanosporées, signifient, le lecteur l'a compris, champignons à spores blanches, roses, couleur d'ocre ou de rouille, et noires; ils sont plus concis, plus brefs, voilà tout. Il faut du reste remarquer que dans bien des cas un mot approprié spécialement pour désigner une chose ou un ensemble quelconque, se retient mieux, quand bien même il ne qualifierait qu'imparfaitement l'objet auquel il s'adresse, il semble que ce soit un numéro d'ordre et on ne l'oublie pas.

Rappelons que, pour obtenir les spores d'un champignon, il suffit de placer celui-ci sur un verre ou un papier blanc, en ayant soin que son hyménium se trouve tourné du côté du verre ou du papier. Au bout de quelques heures et souvent moins, les spores se sont déposées en masse et l'on peut se rendre compte de leur couleur.

SERIE I. — Champignons à spores blanches (*Leucosporées*).

Les Leucosporées renferment, comme genres principaux:

1.—Les **Amanites** (Amanita) qui seules de la série ont une enveloppe (appelée volve), généralement enfouie sous terre, et entourant complètement le champignon dans son jeune âge, comme la coquille de l'œuf renferme le poulet avant son éclosion. Il arrive souvent que le champignon conserve sur son chapeau des parties de la volve sous forme de plaques plus ou moins larges et plus ou moins nombreuses, qui s'enlèvent facilement sans léser l'épiderme.

Les Amanites ont le pied central muni d'un collier qui rarement fait défaut.

Le genre Amanite, dont les couleurs sont souvent très vives, comprend les champignons les plus dangereux, les seuls qui soient mortels.

Voir planches et pages 1 à 8.

2.—Les **Lépiotes** (Lepiota) sont des champignons très voisins des Amanites, mais ils n'ont pas de volve, et leurs couleurs sont beaucoup moins vives. Ils ont le pied central et tous portent un collier plus ou moins persistant et souvent mobile. Le chapeau est peu charnu et souvent parsemé d'écailles qui proviennent de l'épiderme déchiré du chapeau.

Voir planches et pages 9 et 10.

3.—Les **Tricholomes** (Tricholoma) sont des champignons généralement assez charnus, à pied central, sans collier, et non cartilagineux. Les feuillets sont minces, inégaux; ils touchent le pied en laissant à son pourtour une petite échancrure.

Voir planches et pages 12 à 17.

4.—Les **Clitocybes** (Clitocybe) sont des champignons assez charnus se creusant plus ou moins en entonnoir. Pied central souvent droit comme une colonne, un peu élargi à la base. Feuillets inégaux amincis aux extrémités, et descendant plus ou moins sur le pied, ce qui les distingue des Tricholomes. Chair fine non granuleuse.

Voir planches et pages 19 et 20.

5.—Les **Lactaires** (Lactarius) sont caractérisés par la présence d'un liquide laiteux, diversement coloré, qui s'écoule parfois très abondamment lorsqu'on brise le champignon; le chapeau est charnu et souvent enroulé sur les bords. Feuillets inégaux, minces, se prolongeant sur le pied qui est central. Les spores sont généralement verruqueuses et non lisses, comme dans les genres précédents. Chair granuleuse.

Voir planches et pages 24 à 28.

6.—Les **Russules** (Russula) sont des champignons plus ou moins charnus, à pied central droit, presque égal, ferme mais cassant ainsi que le chapeau. Feuillets presque tous égaux, épais, souvent réunis entre eux par des veines; chair granuleuse; couleurs souvent très vives, rouges ou roses dans beaucoup d'espèces, c'est même pour cela qu'on les a appelées Russules.

Voir planches et pages 30 à 33.

7.—Les **Collybies** (Collybia) sont des champignons généralement un peu coriaces, à chair peu épaisse. Pied central élastique, creux ou presque. Les feuillets sont inégaux, minces; ils touchent le pied sans présenter d'échancrure. Ces champignons poussent souvent sur le bois ou les feuilles.

Voir planche et page 18.

8.—Les **Pleurotes** (Pleurotus) ont un pied excentrique, latéral ou nul, rarement presque central. Ce sont des champignons charnus, coriaces, poussant sur le bois ou les plantes herbacées, rarement sur la terre. Les feuillets sont inégaux, nombreux, et presque toujours ils se prolongent longuement sur le pied.

Voir planches et pages 21 et 22.

9.—Les **Chanterelles** (Cantharellus) sont des champignons minces ou charnus, dont le chapeau se creuse souvent en entonnoir, tout en se confondant avec le pied. Feuillets épais ressemblant plutôt à des bourrelets qu'à des lames; ils sont rameux et descendent longuement sur le pied.

Voir page et planche 23.

10.—Les **Marasmes** (Marasmius) sont des champignons généralement de petite taille ou moyens, peu charnus ou minces, coriaces. Feuillets relativement larges, inégaux, peu nombreux. Pied central très coriace, flexible. Ces champignons, dont plusieurs ont une odeur forte, poussent sur le bois ou sur les feuilles pourrissantes et se dessèchent facilement sans pourrir.

Voir planche et page 34.

Comme genres moins importants, nous citerons:

Les **Armillaires** (Armillaria) qui sont des champignons de consistance charnue, sans volve, mais pourvus d'un collier comme les Lépiotes dont ils se distinguent surtout par les feuillets qui touchent largement le pied, ou même descendent le long de ce dernier; de plus, la chair du chapeau se continue avec celle du pied, ce qui rend plus difficile la séparation de ces deux parties. Au contraire, dans les Lépiotes, le chapeau se sépare facilement du pied.

Voir planche et page 11.

Les **Omphales** (Omphalia) sont des champignons de petite dimension, à chapeau presque transparent, et à feuillets se prolongeant sur le pied. En raison de leur petite taille, on ne mange généralement pas les Omphales.

Les **Mycènes** (Mycena), qui diffèrent des Collybies par leur petite taille et leurs feuillets qui ne touchent pas au pied.

Les **Lentinus**, **Panus**, **Schyzophyllum**, **Lenzites**, qui, à l'inverse des genres précédents, ne renferment que des espèces non putrescentes, très coriaces et souvent ligneuses, poussant presque toujours sur le bois.

SERIE II. — Champignons à spores roses (*Rhodosporées*).

Cette série comprend les genres suivants:

Les **Volvaires** (Volvaria). Ce sont des champignons qui se rapprochent beaucoup des Amanites par leur aspect général, et la présence d'une volve. Le collier n'existe que dans une espèce, la *Volvaire royale*. Comme les Amanites, les Volvaires renferment des champignons très dangereux, ils sont heureusement assez rares.

Les **Entolomes** (Entoloma) comprennent des champignons ayant quelque analogie de port avec les Tricholoma. Chapeau charnu se continuant avec le pied qui est généralement ferme, charnu, fibreux et dépourvu de collier. Les feuillets sont inégaux, adhérents au pied, sur lequel ils ne descendent pas; les spores sont généralement anguleuses et non lisses.

Voir planche et page 35.

Les **Pluteus** (Pluteus) sont voisins des Entoloma, mais ils ont le chapeau distinct du pied et les feuillets non adhérents à celui-ci.

Les **Clitopiles** (Clitopilus) sont des champignons à chapeau charnu se continuant avec le pied, pas de collier, feuillets minces inégaux, se prolongeant très longuement sur le pied. Ces champignons ont une analogie avec les Clitocybes, qui eux ont les spores blanches.

Voir planche et page 36.

SERIE III. — Champignons à spores couleur de rouille (*Ochrosporées*).

Dans cette série les genres sont plus nombreux.

Nous citerons:

Les **Pholiotes** (Pholiota) qui ont le pied central orné d'un collier mince généralement persistant.

Dans ces champignons le chapeau est le plus souvent charnu et continu avec le pied. Les Pholiotes naissent presque toujours sur les souches et le bois pourri. Quelques-unes sont comestibles.

Les **Cortinaires** (Cortinarius) ainsi appelés parce qu'ils présentent, lorsqu'ils sont jeunes, un anneau filamenteux plus ou moins soyeux appelé *cortine.*

Ce sont des champignons charnus, fermes, assez réguliers, au moins lorsqu'ils sont jeunes, à pied central plus ou moins muni à la base d'un renflement ou bourrelet saillant, et conservant sur le haut quelques filaments de la cortine.

Feuillets inégaux, nombreux, pâles dans le jeune âge, mais devenant par la suite couleur de rouille par les spores qui les recouvrent. Les Cortinaires, bien que très nombreux comme espèces, sont peu recherchés comme comestibles.

Voir planche et page 37.

Les **Inocybes** (Inocybe) diffèrent des Pholiotes et des Cortinaires, en ce qu'ils n'ont pas de collier, de plus la surface du chapeau est comme cotonneuse ou soyeuse.

Les **Hébélomes** (Hebeloma) n'ont pas de collier, et la surface du chapeau est lisse et non cotonneuse comme dans les Inocybes et souvent un peu gluante. Les feuillets touchent le pied, rarement ils sont descendants. Ces champignons ont parfois une odeur forte et désagréable.

Les **Paxilles** (Paxillus), dont nous donnons avec sa description une figure (planche et page 38), renferment des champignons dont les feuillets souvent se prolongent sur le pied. Le bord du chapeau est fortement enroulé dans le jeune âge, et le pied est épais, sans collier, s'amincissant vers la base. Les feuillets se séparent facilement en bloc du chapeau.

SERIE IV. — Champignons à spores noires (*Mélanosporées*).

Comme genres spéciaux nous mentionnerons:

Les **Pratelles** (Pratella) que l'on nomme aussi *Psalliotes* (Psalliota). Ce sont des champignons analogues au Champignon de couche, connu de tout le monde. Ils sont en général globuleux étant jeunes, assez charnus, de couleur blanche ou blanchâtre, parfois jaunâtre ou roussâtre, à chair blanche se teintant quelquefois de rouge ou de brun. Les feuillets sont inégaux, nombreux, minces, de couleur blanche ou pâle dans la jeunesse, mais devenant bientôt rose plus ou moins foncé puis noir. Pied central ferme de la couleur du chapeau et muni d'un collier mince. Toutes les Pratelles sont comestibles.

Voir planches et pages 39 à 41.

Les **Coprins** (Coprinus) sont des champignons peu charnus, d'une durée très éphémère, dont les feuillets nombreux, larges, minces et inégaux, sont réunis entre eux par leur bord dans le jeune âge.

Ils sont d'abord de couleur claire, puis ils deviennent roses, puis noirs et enfin ils se fondent en une eau noire, ce qui n'a pas lieu dans les Pratelles. Pied creux muni ou non d'un collier fugace. Ces champignons poussent de préférence sur le fumier ou les terres bien fumées. Plusieurs coprins sont comestibles.

Voir planche et page 46.

Polyporées.

Les Polyporées, avons-nous dit, sont des champignons dans lesquels on constate la présence de tubes très fins et non de lames comme dans les Agarics. C'est dans ces tubes que se trouvent les spores (Voir fig. 2); on peut, de même que dans les Agarics, obtenir les spores des Polyporées; il suffit de placer le champignon sur un papier très blanc en ayant soin de supprimer le pied, pour que les tubes se trouvent presque en contact avec le papier.

Notons que dans les Polyporées la couleur des spores n'a pas une grande importance au point de vue du classement des genres.

Nous décrirons parmi les nombreux genres de cette famille:

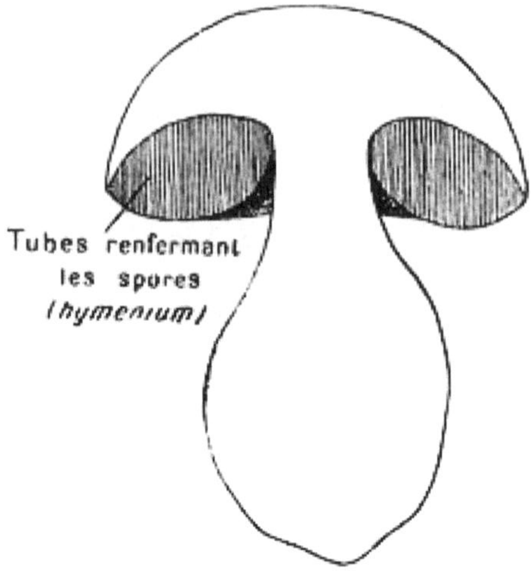

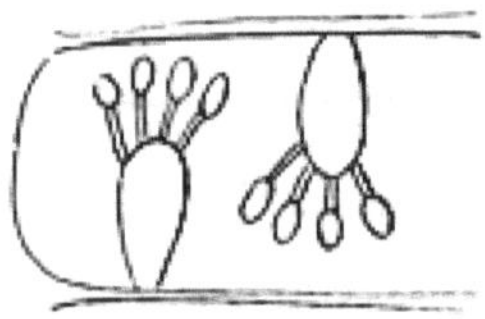

Fig. 2. — Bolet coupé en travers pour montrer les tubes qui renferment les spores à leur intérieur. — Au-dessous, tube de Bolet très grossi montrant son intérieur: les basides, les stérigmates, les spores.

Les **Bolets** (Boletus) qui ont un chapeau charnu, convexe, garni à sa partie inférieure de tubes nombreux soudés les uns aux autres, mais pouvant se séparer facilement du chapeau et aussi entre eux. Pied central généralement dépourvu de collier. Ces champignons poussant sur la terre.

Voir planches et pages 43 et 47 à 50.

Le genre **Fistuline** (Fistulina) qui ne comprend qu'une espèce et qui se distingue des Bolets en ce que les tubes, bien que séparables entre eux, s'enlèvent moins facilement du chapeau. Pied oblique, quelquefois très court; pousse sur les vieux chênes malades.

Voir planche et page 51.

Les **Polypores** (Polyporus) qui peuvent être charnus ou avoir la consistance du liège, ou même être ligneux, pourvus ou non d'un pied. Ils se distinguent des genres précédents, en ce que les tubes sont difficilement séparables entre eux et font corps avec la chair du chapeau. Ils n'offrent qu'une couche de tubes, tandis qu'on en trouve plusieurs chez les *Fomes.*

Voir planche et page 44.

Les **Fomes** (Fomes) se distinguent surtout des Polypores, par la présence de plusieurs couches de tubes sporifères. Comme ces champignons, qui sont généralement de consistance ligneuse, vivent plusieurs années, il s'ajoute à chaque période de végétation une nouvelle couche de tubes; les couches sont alors superposées (stratifiées).

Les **Mérismes** (Merisma) sont des Polypores rameux, à chapeaux nombreux munis ou non de pieds partant d'un même tronc. Les tubes, dont il n'existe qu'une couche, sont adhérents entre eux et non séparables du chapeau.

Nous citerons encore les **Mérules** (Merulius) qui se présentent sous l'apparence de plaques s'étalant sur les bois qu'ils désagrègent rapidement. Le *Mérule pleureur* (Merulius lacrymans) est un fléau pour les bois de construction employés dans les endroits humides, tels que sous-sols, caves, écuries, etc.

Hydnées.

Les Hydnées n'ont ni lames rayonnantes comme les Agaricinées, ni tubes comme les Polyporées, mais bien des dents en pointes rondes ou aplaties, non soudées entre elles et sur lesquelles se trouvent les spores.

Le genre Hydnum est le plus important au point de vue alimentaire.

Les **Hydnes** (Hydnum) sont des champignons charnus ou coriaces, munis d'un pied central ou non, quelquefois même sans pied. La partie qui porte les spores est en forme de pointes ou de lames isolées.

Voir planche et page 52.

Auriculariées.

Les Auriculariées ont leurs spores disposées sur une surface lisse ou ridée, mais non lamellaire, poreuse ou garnie de pointes.

Nous donnons les caractères du genre Craterellus dont nous décrivons une espèce. Voir planche et page 54.

Les **Craterelles** (Craterellus) sont des champignons peu charnus, en forme de cornet ou de trompette, et ayant une grande analogie avec les chanterelles n'offrant toutefois pas comme ces dernières des côtes ou bourrelets saillants, mais simplement des rides sinueuses sur lesquelles se trouvent les spores. Le chapeau se prolonge insensiblement en pied.

Clavariées.

Dans les Clavariées, les spores, au lieu de se trouver sur une partie déterminée du champignon, occupent toute la surface de ce dernier, sauf le pied lorsqu'il en existe un.

Les deux genres les plus importants sont:

Les **Clavaires** (Clavaria). Ce sont des champignons charnus, à réceptacle vertical, arrondi, simple ou rameux et généralement fragiles. Toutes les Clavaires sont comestibles.

Voir planche et page 53.

Les **Sparassis** (Sparassis) ont beaucoup d'analogie avec les Clavaires. Ce sont des champignons charnus, fragiles, très rameux et dont les rameaux sont aplatis et non arrondis comme dans les Clavaires. Ce sont des champignons assez rares et ayant quelque peu l'aspect d'une éponge.

Trémellacées.

Les Trémellacées sont des champignons mous, gélatineux, un peu transparents, de formes variables, et susceptibles de se racornir par la sécheresse, puis de reprendre par l'humidité leur forme première.

L'hyménium recouvre la surface du champignon. Ces champignons vivent sur le bois pourri.

Gastéromycètes.

Les Gastéromycètes, avons-nous dit, ont des spores analogues à celles des Hyménomycètes, mais ils s'en distinguent en ce que, dans les Gastéromycètes, elles se trouvent réparties à l'intérieur du réceptacle, tandis que dans les Hyménomycètes les spores se trouvent toujours à l'extérieur, ou en communication libre avec l'extérieur.

Cette famille comprend de nombreux genres, mais nous parlerons seulement du genre Lycoperdon.

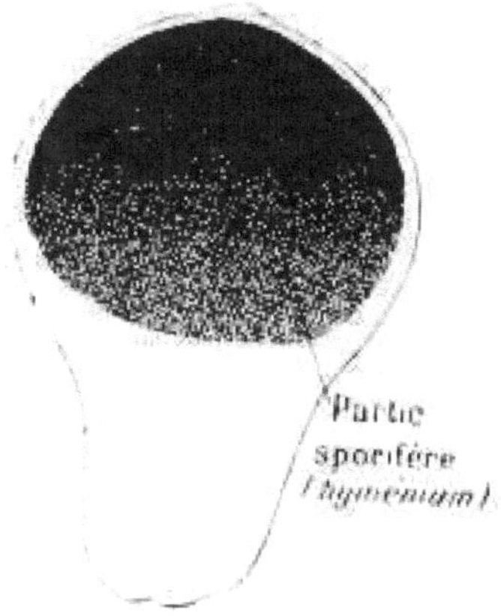

Fig. 3. — Lycoperdon (Gastéromycète) coupé en travers pour montrer que les spores se localisent à l'intérieur du champignon.

Les **Lycoperdons** (Lycoperdon) sont des champignons charnus, plus ou moins sphériques, qui poussent sur la terre ou le bois; ils sont lisses ou plus ou moins rugueux à leur surface et généralement blancs ou de couleur claire. Le pied se continue avec le réceptacle dont il se distingue difficilement à l'extérieur. La partie qui renferme les spores occupe la presque totalité intérieure du champignon, qui s'ouvre à sa partie supérieure pour leur donner issue lorsqu'elles sont mûres (fig. 3).

Voir planches et pages 55 et 56.

Discomycètes.

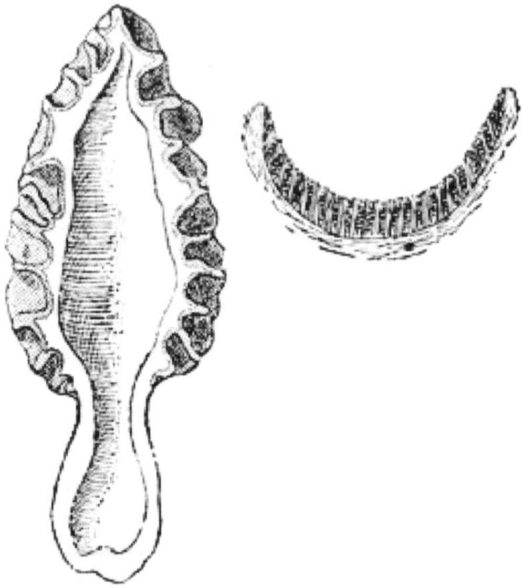

Fig. 4. — Morille coupée par le travers, pour montrer les alvéoles comme des sortes de petites capsules, dont une très grossie renferme les thèques et les paraphyses à son intérieur.

Les Discomycètes, comme l'indique leur nom, sont des champignons en forme de disque; cela est vrai pour les Pézizes et les Morilles (dont les alvéoles réunies forment comme une colonie de disques irréguliers, soudés ensemble), mais cesse de l'être pour les Helvelles qui ont un réceptacle irrégulièrement contourné, tourmenté. Il est cependant de toute évidence que ces champignons doivent rester parmi les Discomycètes.

Ceci dit, nous ajouterons que les Discomycètes sont des champignons de consistance généralement charnue, très rarement coriace, dont l'hyménium est extérieur et formé d'*asques* (ou thèques) renfermant les spores, séparés ou non par des paraphyses. (Nous avons donné plus haut la signification de ces trois mots) (Fig. 4 et 5.)

Nous citerons entre autres genres:

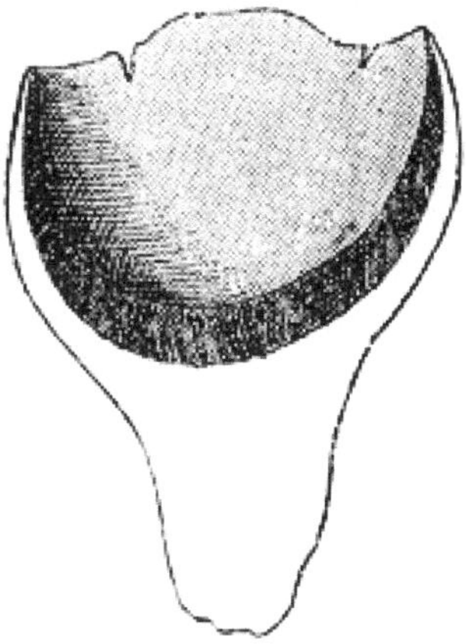

Coupe d'une Pézize montrant à son intérieur l'hyménium, forme de thèques entremêlées de paraphyses.

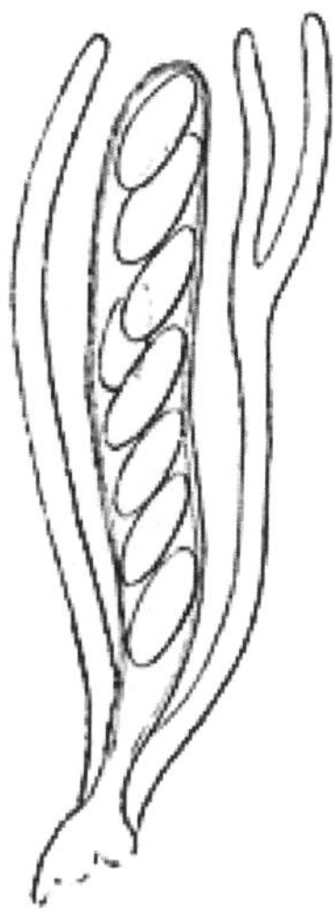

Thèque très grossie, montrant à son intérieur huit spores et de chaque côté des paraphyses.

Les **Helvelles** (Helvella) dont le réceptacle est charnu, mince, diversement contourné, découpé, et dont les lobes sont couverts à leur partie supérieure par l'hyménium. Les Helvelles ont généralement un pied assez long, souvent rempli de nombreuses cavités.

Voir planches et pages 62 et 63.

Les **Gyromitres** (Gyromitra), qui sont intermédiaires entre les Helvelles et les Morilles, sont des champignons à pied plutôt court et à chapeau charnu arrondi, formé de côtes plus ou moins contournées, rappelant assez bien les circonvolutions du cerveau.

Les Gyromitres sont comestibles à l'instar des Helvelles et des Morilles, mais comme ils sont assez rares, nous n'en avons pas figuré.

Les **Morilles** (Morchella) sont des champignons si connus et si appréciés que l'on pourrait se dispenser d'en parler.

Disons simplement que les Morilles se composent de deux parties bien distinctes: le réceptacle ou chapeau formé par la réunion de petites cupules ou alvéoles plus ou moins grandes et plus ou moins régulièrement disposées. C'est dans l'intérieur de ces alvéoles que se trouvent les spores (Fig. 4); le chapeau est creux ainsi que le pied. Les Morilles sont des champignons de printemps; toutes sont comestibles et fort recherchées.

Voir planches et pages 59 à 61.

Les **Pézizes** (Peziza) forment une grande sous-famille, qui renferme un nombre considérable d'espèces réparties en de nombreux genres. Ce sont pour la plupart des champignons charnus, fragiles, ayant plus ou moins la forme d'une coupe. (Fig. 5). Les Pézizes poussent sur la terre, ou sur le bois en décomposition, les feuilles pourrissantes, etc. On en trouve souvent aux endroits où l'on fait du charbon ou du feu.

On peut consommer sans inconvénient toutes les Pézizes, mais comme ce sont généralement des champignons d'assez petite dimension, on n'en mange que quelques grandes espèces. Les Pézizes ont des couleurs souvent très vives; la couleur rouge avec toute sa gamme est très répandue, mais on en trouve également des jaunes, vertes, lilacées, etc.; la couleur brune est également fréquente. On peut dire que, dans les Pézizes, toutes les couleurs du spectre sont représentées.

Tubéracées.

Nous terminerons cette longue énumération par quelques mots sur une petite famille qui renferme les champignons les plus chers et les plus estimés, les truffes.

Les Tubéracées comprennent des champignons qui se développent sous terre. Ils sont globuleux, irréguliers, bosselés, charnus, coriaces, et non susceptibles de s'ouvrir au dehors, d'une façon quelconque, pour laisser sortir les spores; ces dernières sont renfermées dans des thèques réparties dans la masse du champignon.

Les Tubéracées renferment un assez grand nombre de genres, mais nous ne parlerons que du genre Tuber qui intéresse plus particulièrement nos lecteurs.

Les **Truffes** (Tuber) renferment plusieurs espèces qui, toutes, font l'objet d'un commerce important; la plus estimée est celle du Périgord (Tuber melanosporum) que nous avons décrite page 64 et figurée à côté. Dans toutes les espèces du genre Tuber, les spores sont épineuses.

En histoire naturelle les noms latins précisent mieux l'état civil des sujets que les dénominations populaires, dont quelques-unes s'appliquent parfois en même temps à des espèces toutes différentes. Nous avons néanmoins indiqué des noms populaires, mais comme tous les champignons n'en ont point, il est préférable d'en retenir le nom latin plutôt qu'un nom latin francisé qui n'en dit pas davantage et n'est pas du français.

SOCIÉTÉ MYCOLOGIQUE DE FRANCE

Depuis 1885 les mycologues de France se sont constitués en une Société, qui a pris le nom de «Société mycologique de France». Ainsi que l'indique son nom, la Société s'occupe exclusivement de l'étude des champignons.

La Société, qui comptait à son début cent trente membres, et actuellement environ quatre cents, est en pleine prospérité et a trouvé même hors France de nombreux membres, recrutés dans toutes les professions.

Elle tient ses séances tous les premiers jeudis de chaque mois, 84, rue de Grenelle, en l'Hôtel de la Société d'horticulture, à Paris.

Il y a, à chaque séance, exposition des champignons apportés par les membres présents ou envoyés par ceux qui ne peuvent y assister. Ces champignons sont déterminés par une commission spéciale.

Tous les ans la Société tient une session extraordinaire sur un point quelconque du territoire. Cette session comporte des excursions, et surtout des expositions de champignons, qui sont fort goûtées du public.

La Société publie en outre un Bulletin contenant, en dehors des comptes rendus des séances, des articles originaux de ses membres, souvent avec planches, et une analyse des publications nouvelles relatives aux champignons.

La cotisation annuelle (10 francs) donne droit au Bulletin.

Pour se faire admettre, il faut en faire la demande au Président et être présenté par deux membres.

Les demandes de renseignements doivent être adressées au Secrétaire général de la Société mycologique de France, 84, rue de Grenelle, à Paris.

Notes

[1] Voir pages 140 et suivantes.

[2] On donne en mycologie le nom de substratum à la couche de matières organiques plus ou moins décomposées sur laquelle se développe le champignon.

[3] La plus riche en tréhalose des espèces examinées par Bourquelot est le *Cortinarius castaneus* Bull., qui en renferme jusqu'à 160 grammes par kilo. Les Cortinaires se font en général remarquer par leur richesse en tréhalose.

[4] M. Bernard est l'auteur d'un très bon ouvrage sur les champignons observés à La Rochelle et dans les environs, accompagné d'un atlas de 56 planches coloriées. De cet ouvrage épuisé, il reste quelques exemplaires vendus 30 francs net à la librairie Paul Klincksieck.